科幻小說之父儒勒・凡爾納描繪出人類對於月球旅行的想像。對此著迷與嚮往的孩子們中，出現了一位「火箭之父」。百年後，阿波羅計畫實現了這個夢想。

圖源：NASA

「凡是人類能想像到的事物，必定有人能將它實現」，這句話被當做儒勒・凡爾納的名言而廣為流傳。
想像力正是太空探索的原動力。
由左而右依序為V-2（RTV-G-4 Bumper）、朱諾1號、農神5號、太空梭和獵鷹9號。
（參考P.143專欄10）

圖源：NASA

上：距離地球39光年遠的系外行星TRAPPIST-1f的想像圖。這顆行星的表面可能存在著海洋。（參考P.29、專欄2）

左：想像著到達TRAPPIST-1e旅行的「觀光海報」。天空中像新月的天體是TRAPPIST-1行星系統所具有的其他行星。在遙遠的未來，人類是否能前往像TRAPPIST-1e之類的系外行星探索呢？

下：TRAPPIST-1e的想像圖。

圖源：NASA/JPL-Caltech

NASA研究員爸爸與怪咖女兒的對話

聊聊宇宙

以及

夢想希望

作 小野雅裕　繪 利根川初美

譯 鄭曉蘭

快樂文化

小美　是個愛講話、好奇心旺盛，有些愛抱怨的小女孩。喜歡宇宙、恐龍、樂高、日式炸雞、閱讀，今年十二歲。年紀小小，卻常用超乎年齡水準的詞彙。最大的不滿是，大人不買智慧手機給她。長大後想成為科學家還有太空人，夢想是搭乘太空船到TRAPPIST-1（特拉比斯特1）的系外行星去，發現宇宙恐龍。目前居住於美國洛杉磯近郊。

爸爸　是一名在美國太空總署（NASA）噴射推進實驗室（JPL）打造太空探測器的工程師。回到家後是關愛孩子的爸爸。最愛《星際大戰》（Star Wars）。襪子通常都有破洞。最喜歡的食物是醃蘿蔔。

慢悠熊　小美從小玩到大的朋友，是隻慢吞吞的玩偶熊。能夠說話，但因為會累所以不常說話。雖然擁有扭曲時空、召喚遠方之人的能力，但因為嫌麻煩，所以鮮少使用。它的真實身分連它自己都不太清楚，而且也沒興趣知道。最大的幸福就是被洗衣機輕柔的「手洗行程」洗香香。

第一部

太空時代的黎明

儒勒・凡爾納

科幻小說（SF）作家。被稱為「科幻小說之父」，著有《從地球到月球》、《海底兩萬里》、《環遊世界八十天》等多部傑作傳世。（第2、3章）

影響

赫爾曼・奧伯特

德國的火箭之父。進行過許多開創性的研究項目，如月球登陸、小行星探測、電力推進、移民火星等，卻不被當時的學界認同。（第6章）

影響

影響

羅伯特・戈達德

美國的火箭之父。研發出世界首枚液體燃料火箭，並成功做到次軌道（sub-orbital）太空飛行。但這樣的創舉卻不被當時世人理解，遭受到批判。（第5章）

齊奧爾科夫斯基

俄羅斯的火箭之父。推導出使用至今的「火箭方程」（專欄4），構築了航太工程學的基礎。但是，當時幾乎沒有人能理解這樣前瞻性的概念，他被稱為「卡盧加的怪人」。（第4章）

第二部

天才火箭工程師 馮・布朗的榮耀與黑暗

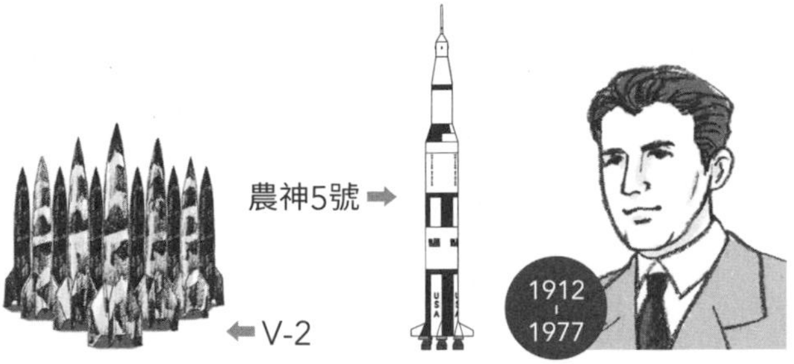

華納・馮・布朗

出生於德國的火箭工程師。戰前與戰爭期間為納粹研發出的V-2火箭（飛彈），成為史上首度抵達太空的人造物體。戰後移居美國，研發出「朱諾1號」火箭，並成功發射美國第一顆人造衛星「探險者1號」；還有「農神5號」火箭，用於史上首次載人登月探測計畫——阿波羅計畫。

（第8～11、13、15、16章）

影響

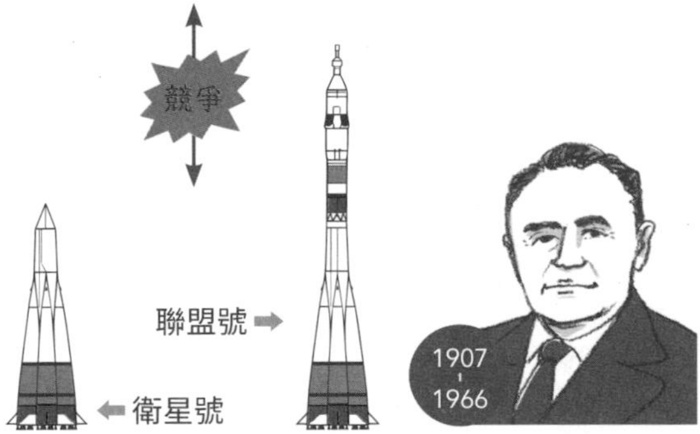

謝爾蓋・科羅廖夫

蘇聯的火箭工程師。研發出全球首枚洲際彈道飛彈R-7。並以根據R-7研發出的火箭，讓全球第一顆人造衛星「史普尼克1號」以及全球首位太空人加加林進入太空。R-7改良版的「聯盟號」火箭，如今也普遍運用於太空人或人造衛星的發射升空，成為全球最常被發射使用的火箭。

（第12、14章）

影響

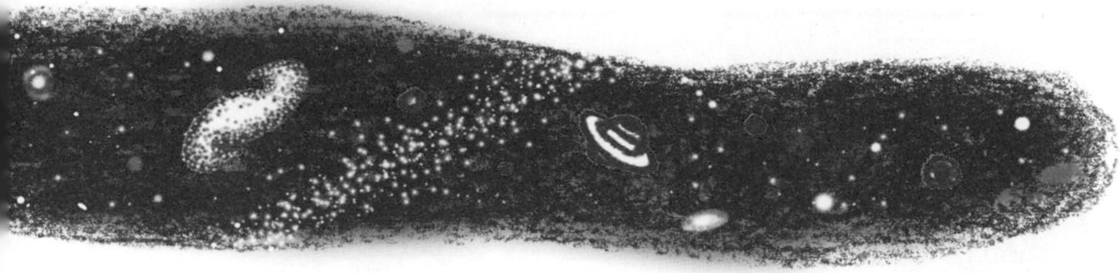

目錄

第一部　太空時代的黎明

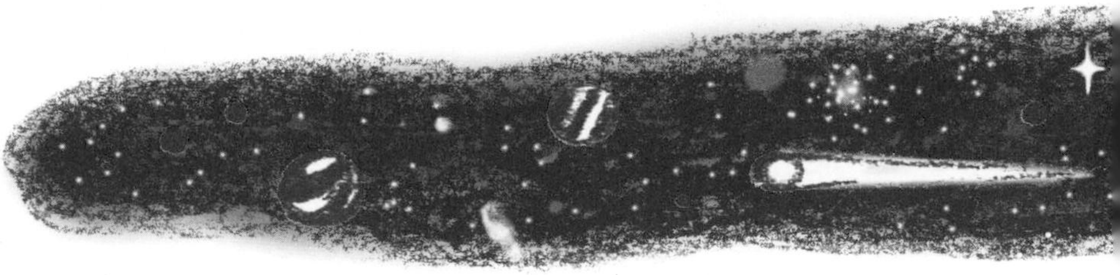

第二部　天才火箭工程師　馮・布朗的榮耀與黑暗

專欄目錄

第一部

太空時代的黎明

1 我是個怪人!?

爸爸下班回到家，一打開家門，小美就立刻扔下手邊組裝到一半的樂高積木，衝到爸爸面前。她的嘴巴翹嘟嘟的，就像章魚一樣。看來，似乎有一堆牢騷待發，而爸爸也準備好接招了。

「爸爸你聽我說喔，爸爸、爸爸、爸爸啊啊啊啊!!」

「好、好、好、好，我有在聽!!」

「今天老師問我們『全世界最高的山是什麼山』喔。」

「嗯嗯。」

「我最先舉手。」

「嗯。」

「我回答『奧林帕斯山』。」

「……啊，火星上那個啊。你很清楚嘛。」

21,287 公尺！
火星上的奧林帕斯山
(Olympus Mons)
8,848 公尺
地球上的聖母峰

「結果，老師竟然說我答錯耶！」

「喔喔。」

「老師說的『全世界』是指什麼啊!?只有地球才是全世界？奧林帕斯山比聖母峰還要高二．四倍耶，而且太陽系裡有好多比聖母峰還高的山呢！」

「……那，老師怎麼說？」

「老師說『就常識而言，世界就是指地球』！」

「唔……」

「什麼嘛，那種常識，難道現在是十六世紀嗎？」

「這個嘛，所謂的『常識』本來就滿主觀的……」

「而且之前的教學參觀，你還記得嗎？」

「……這個嘛，發生什麼事了？」

「老師說『請說出能浮在水上的東西』。」

「啊，然後小美一回答『土星』，整個教室就變得很安靜那時候？」

「說什麼土星不是『東西』，是誰在什麼時候訂出這種法律的啊！」

「那時感覺有點可憐呢。」

「在談一談夢想那時候，也是這樣啊……」

「這個嘛……那時發生什麼事了？」

「就是叫我們寫關於自己夢想的作文，並且朗讀，然後讓大家問問題。」

「啊，是有關於TRAPPIST-1的……」

「對！TRAPPIST-1*是一顆與太陽距離三十九光年的星球，擁有七顆類地行星，而且，其中三顆還位於適居帶，地表可能有液

迷你專欄

土星能浮在水面上？

與水相比，比重大於1的物體會沉入水中，小於1的物體則會浮在水面上。地球的成分中大部分是岩石，比重為5.5；海王星主要由冰所組成，比重為1.6；木星是巨大的氣體行星，比重為1.3。另一方面，土星的比重只有0.7。換句話說，如果只考慮比重，土星能夠浮在水面上。

那麼，如果真有一座足以放進土星的巨大水池，土星就能浮在水面上嗎？很可惜，土星在浮起來之前，就會被水池內龐大水量所產生的強大重力所摧毀。

態水耶！其中說不定存在外星生命，也可能像地球的中生代時期那樣，因為某些原因，而加強了陸地生物大型化的選擇壓力＊！換句話說，就是可能有像恐龍那種非常巨大的生物耶！而且，三十九光年的距離，以宇宙的規模來說，近得就像鄰居一樣！所以，我的夢想是打造一艘能夠飛越恆星之間的太空船，然後去TRAPPIST-1，尋找宇宙恐龍。」

「……原來如此。然後呢？」

「整個教室又變得安安靜靜……」

「是喔……」

「唉。」

＊1 原書註：請參考P.29的專欄

＊2 編註：選擇壓力（selection pressure）是生物演化過程中，外在環境所造成的篩選力量。地球中生代時期的環境裡，優勢動物包含恐龍。

小美重重的嘆了一口氣。

「為什麼我的老師跟朋友都沒辦法理解呢……欸，爸爸……」

「嗯？」

「那個啊……」

小美沉默了一會。透過小美的眼鏡鏡片，看到她眼眶泛著淚光，爸爸有些慌張。小美像是把話從喉嚨深處擠出來似的，微弱的說道：

「我……很奇怪嗎？」

「咦？為什麼這麼說？」

「維克多告訴我的……他說，一般女生是不會喜歡恐龍的。」

「哪有這回事啊！跟別人不一樣是很棒的事喔。」

「之前，我戴眼鏡也被取笑了……」

「那是小美看了很多書的證明啊。」

「可是，為什麼只有我被說成那樣呢……」

爸爸溫柔的撫摸小美的頭，她的淚水奪眶而出，滑下了臉頰。

「……而且啊，不管是米雅還是愛蜜莉，最近和她們聊天我好像都插不上話。以前一起去格里斐斯天文臺，明明玩得很開心，但最近只會聊喜歡或討厭哪個男生，就算跟她們聊TRAPPIST-1，她們也沒興趣。我想說換個話題，聊聊大家比較熟悉的東西，結果聊起火星或木衛二，她們的反應更糟糕。所以我又想那就來聊聊恐龍，應該有興趣了吧！才跟她們說到『像無齒翼龍之類的翼龍，其實不屬於恐龍唷』，但我話都還沒說完，她們就很冷淡的回我『哇，還真是個萬事通呢』，然後對話就中斷了……」

「唔……」

「我真的很奇怪嗎……？如果不能做一個一般的女生，我就會沒朋友嗎……？」

這次換爸爸陷入沉默了。他看起來像是在思考些什麼，然後不知為何微微露出笑容。淚眼汪汪的小美一看到，氣到兩條馬尾都豎起來，砰的一聲拍桌怒吼：

「我說爸爸啊!!」

「是！」

「你為什麼笑嘻嘻的！爸爸也覺得我很奇怪嗎？你女兒現在可是非常煩惱耶!!」

「抱歉、抱歉，不是這樣啦！爸爸只是回想起以前，也是曾經因為被別人說很奇怪而煩惱。」

「這意思是說，怪人的小孩也是怪人嗎!?不要傳給我這種基因啦！」

「好了，你冷靜點，我給你個好東西。」

爸爸說完後，便放下包包走進臥房。小美摘下眼鏡，一邊擦乾眼淚等著，只見爸爸拿著一本書回來。

「就是這個。」

爸爸把那本書遞給小美。封面設計具古典感，圍著紅色邊框。拭去封面上的灰塵後，上頭金箔的部分閃閃發光。

「這是什麼？只要讀這本書，就能變得像一般女生一樣嗎？」

「並不是唷，正好相反。」

「所以會變成更奇怪的小孩嗎!?放過我吧！」

「這是小美很崇拜的人小時候讀過的書喔。」

「誰？」

「說到『火箭之父』，會有誰呢？」

「齊奧爾科夫斯基！戈達德！奧伯特！」

「叮咚、叮咚、叮咚！答得好！」

小美的神情變得比較開朗了。

「大家都讀過這本書嗎？」

「嗯。」

「那大家都是怪人嗎……？」

「還真的是呢。」

小美不太服氣的看著書的封面。

本篇的火星高度地圖，是由NASA的「火星全球探勘者號（Mars Global Surveyor）」（火星的人造衛星）所繪製的。繪製方式是從太空朝火星地表發射雷射光，並計算雷射光反射回來的時間，藉此來測量距離。

©NASA/JPL-Caltech

★ 鳳凰號火星探測器
極冠（Martian polar ice caps）
火星的南北極有水冰與乾冰（二氧化碳）所組成的極冠。乾冰會在夏季時融化，冬季時結冰。
奧林帕斯山（Olympus Mons）（標高21,287 m）
火星上的最高峰。類似於夏威夷群島的盾狀火山。山脈面積約等同於八・三個臺灣島。
塔爾西斯高原（Tharsis）
是一片巨大遼闊的火山高原。標高約7,000 m，面積約略等於北美大陸。
維京1號
火星拓荒者號
機會號
水手號峽谷（Valles Marineris）
是太陽系中最大的峽谷，深度約7 km，總長約為4,000 km，比日本列島還要長。
塔爾西斯山群（Tharsis Montes）
與塔爾西斯高原相連的三座高峰。由北依序為艾斯克雷爾斯山（標高18,209 m）、帕弗尼斯山（標高14,037 m）、阿爾西亞山（標高17,779 m），每一座都比聖母峰還高。
高
低
火星容易形成高山深谷的原因之一，就是因為它的重力比地球還小喔！啊～好想去爬奧林帕斯山喔！
你加油～我累了，在山腳下等你～

專欄 1 火星有好多高山！

這是一張顯示火星地表高度的地圖，高海拔的地方以紅色、低海拔的地方以深藍色描繪而成。火星上有遠比地球還要高、還要深的高山和峽谷，它到底是一顆什麼樣的行星呢？

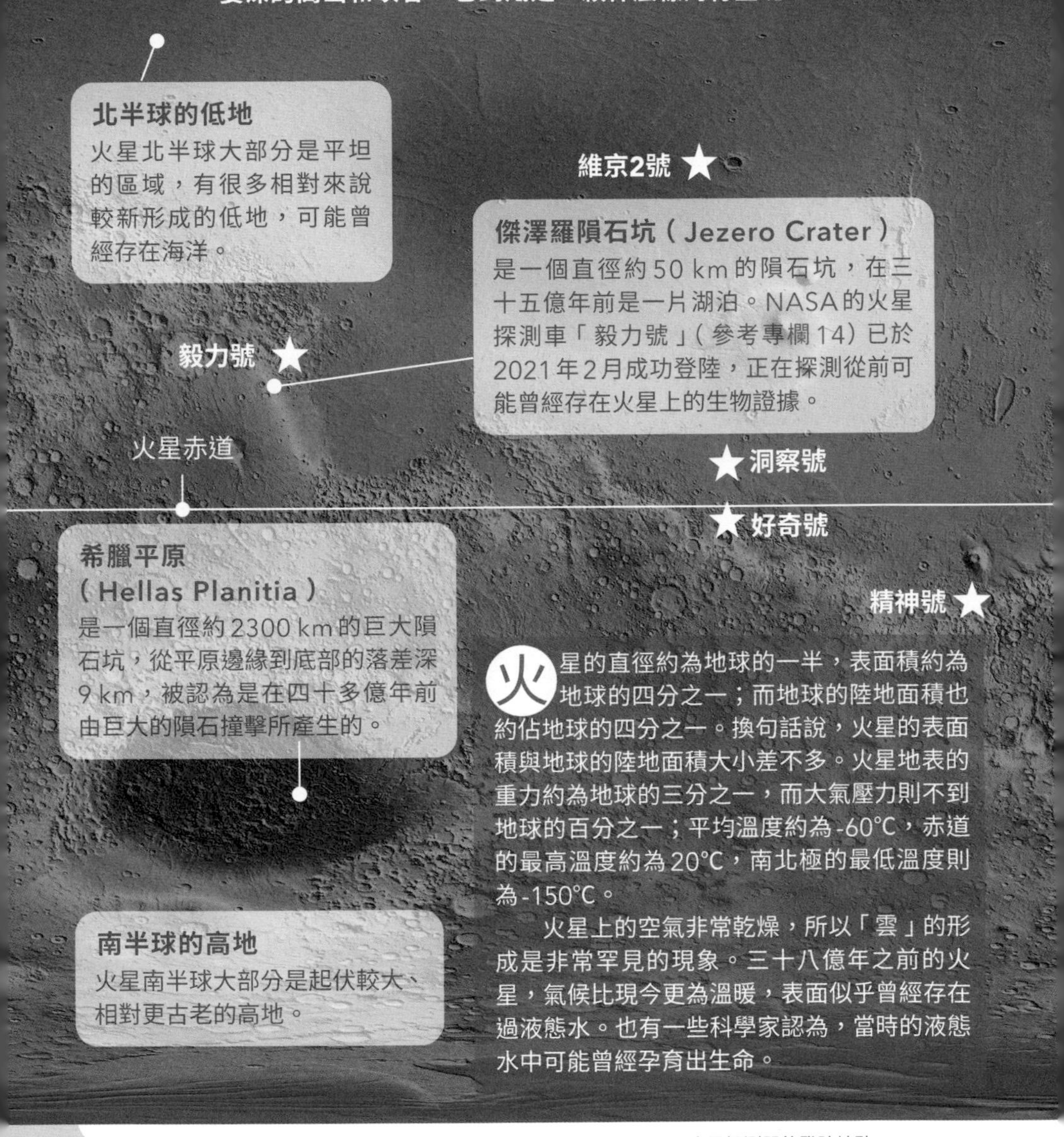

北半球的低地
火星北半球大部分是平坦的區域，有很多相對來說較新形成的低地，可能曾經存在海洋。
維京2號
傑澤羅隕石坑（Jezero Crater）
是一個直徑約 50 km 的隕石坑，在三十五億年前是一片湖泊。NASA 的火星探測車「毅力號」（參考專欄 14）已於 2021 年 2 月成功登陸，正在探測從前可能曾經存在火星上的生物證據。
毅力號
火星赤道
洞察號
好奇號
希臘平原（Hellas Planitia）
是一個直徑約 2300 km 的巨大隕石坑，從平原邊緣到底部的落差深 9 km，被認為是在四十多億年前由巨大的隕石撞擊所產生的。
精神號
南半球的高地
火星南半球大部分是起伏較大、相對更古老的高地。

火星的直徑約為地球的一半，表面積約為地球的四分之一；而地球的陸地面積也約佔地球的四分之一。換句話說，火星的表面積與地球的陸地面積大小差不多。火星地表的重力約為地球的三分之一，而大氣壓力則不到地球的百分之一；平均溫度約為 -60°C，赤道的最高溫度約為 20°C，南北極的最低溫度則為 -150°C。

火星上的空氣非常乾燥，所以「雲」的形成是非常罕見的現象。三十八億年之前的火星，氣候比現今更為溫暖，表面似乎曾經存在過液態水。也有一些科學家認為，當時的液態水中可能曾經孕育出生命。

↑火星高度地圖 ©NASA/JPL-Caltech/GSFC　　☆火星探測器的登陸地點

2《從地球到月球》——一切從這本科幻小說開始

在這蒙上灰塵的彩色封面上，紅色邊框的內側描繪了一圈鎖鏈，鏈條懸掛著一顆金色地球，而地球上方有一個紅色牌子，用復古的字體寫著：

De la Terre à la Lunne

「德．拉．泰勒．阿．拉……這是哪國語言？念起來像咒語一樣。」

「這是法語『從地球到月球』。這本書是在大約一百六十年前，儒勒．凡爾納寫下的科幻小說*喔，有關月球旅行的故事。」

「儒勒．凡爾納……是誰啊？我好像有學過……」

「你有沒有讀過《環遊世界八十天》、《十五少年漂流記》呢？還是《海底兩萬里》、《神祕島》、《地心歷險記》？」

「啊，我知道了。在東京迪士尼海洋裡面有*！」

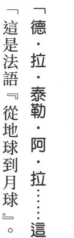

「沒錯沒錯，這些全都是儒勒．凡爾納寫的科幻小說喔，他被稱為『科幻小說之父』呢。」

「但我看不懂法文耶，爸爸你也看不懂吧。」

「這是太空探索歷史中，非常特別的一本書。來……你看看這張照片。」

爸爸抽出夾在書裡的照片，攤開來看。

「這本書，也到了太空站。」

「咦咦咦，好厲害！可是，這本書是哪裡特別啊？」

「這本科幻小說，可說是人類一切太空探索的起源。」

儒勒．凡爾納

＊1 原書註：科幻小說的英文是Science Fiction，縮寫為SF。例如《哆啦A夢》、《宇宙兄弟》、《星際大戰》、《2001太空漫遊》，都是根據科學幻想出來的虛構故事。

＊2 譯註：東京迪士尼海洋中的一個遊樂區域「神祕島」，即是以這些作品的內容為藍本打造而成。

2008年，儒勒．凡爾納的《從地球到月球》被送抵國際太空站。運載這本書的歐洲自動運輸太空船（ATV，Automated Transfer Vehicle），同樣名為「儒勒．凡爾納」。 圖源：NASA

「換句話說，齊奧爾科夫斯基、戈達德、奧伯特，都是讀了這本書，才成為『火箭之父』的嗎？」

「對。」

小美的雙眼瞬間發亮。

「好厲害！我如果讀了這本書，也可以做出火箭嗎？」

「哈哈哈，說不定可以耶。但是，這本書裡可沒有寫出火箭的製造方法喔。」

「咦，是喔？那，有寫到讓數學變好的訣竅之類的嗎？」

「也沒有耶。」

「那有讓朋友想要聽我聊太空話題的祕訣嗎……？」

「很可惜，也沒寫到這個……」

「欸～完全派不上用場嘛。那，這本書有什麼特別的啊？」

「你覺得是什麼呢？」

「是什麼啊？」

「猜猜看啊。」

「魔法？」

「嗯，或許是這樣喔。」

「只要一讀這本書，身體就會被吸進去？」

「可能會被吸進去耶！」

「不知不覺中，現實跟虛擬的世界交換了！」

「回過神來，就已經待在一艘太空船上！」

「開始降落！距離月球表面還有一百公尺！

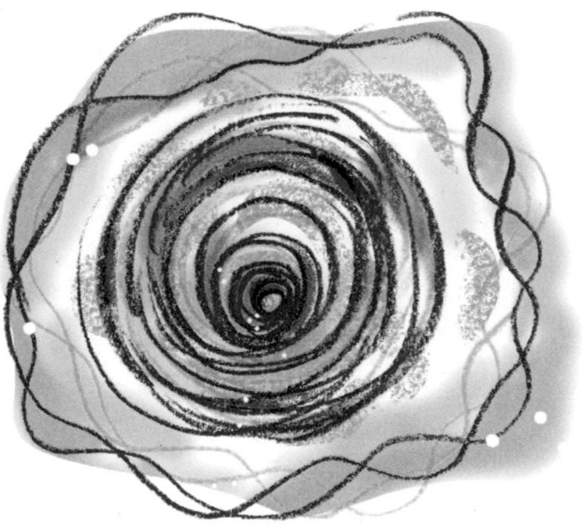

九十、八十、七十……」

「船長，這裡有一隻兔子！」

「欸~~~~爸爸，不對啦！月球上沒有動物跟植物啦！上面又沒有空氣，白天有一一〇度的高溫，晚上變成負一七〇度的低溫，根本沒辦法生存。」

「對，對吼，抱歉……」

「啊，我知道了，這本科幻小說裡有很酷的火箭，讓人心生嚮往，所以就想要做出火箭。」

「不，在這個故事裡，就連火箭都還沒出現呢。」

「啊~人家搞不懂啦！不管怎麼看，這就是一本很古老的過時科幻小說啊。」

小美一邊啪啦啪啦的翻著書本，一邊這麼說。

「這本書裡，就是有些『東西』呢。」

「是什麼『東西』呢？」

「是什麼呢？」

「提示！」

「是小美也擁有的東西喔。」

「可是，我都還沒看過這本書耶？」

「那個『東西』是會傳染的喔。大概是從爸爸傳給小美的吧？」

「咦？是病毒嗎!?因為爸爸從外面回來沒有洗手！所以每次都被媽媽罵！」

「哈哈哈，這個嘛，雖然不是病毒，不過很類似吧。我想，那個類似病毒的『東西』起初是在儒勒．凡爾納的心裡。一百多年前，它透過這本書轉移到了三位火箭之父身上，而在他們研究火箭的過程中，又轉移到了其他人身上。就這樣，逐漸擴散到全世界。」

「那儒勒．凡爾納最初是怎麼感染到那個『東西』的呢？」

「好，那我們先來聊聊這個吧。」

TRAPPIST-1的行星系統中，行星彼此之間的距離非常近，例如站在行星e上看行星f的話，大小看起來差不多就像從地球看到最近距離時候的月球那樣。如同下面的想像圖，其他行星也像月亮一樣有圓缺變化。而且就像月球總是以同一面朝向地球一般，TRAPPIST-1的行星也總是以同一面朝向位於中心的恆星。

TRAPPIST-1e是一顆什麼樣的行星？

★與TRAPPIST-1的距離
地球到太陽距離的三十四分之一（0.029天文單位）

★大小（直徑）
地球的0.91倍

★地表的重力大小
地球的0.93倍

★一年的長度
六天又兩小時

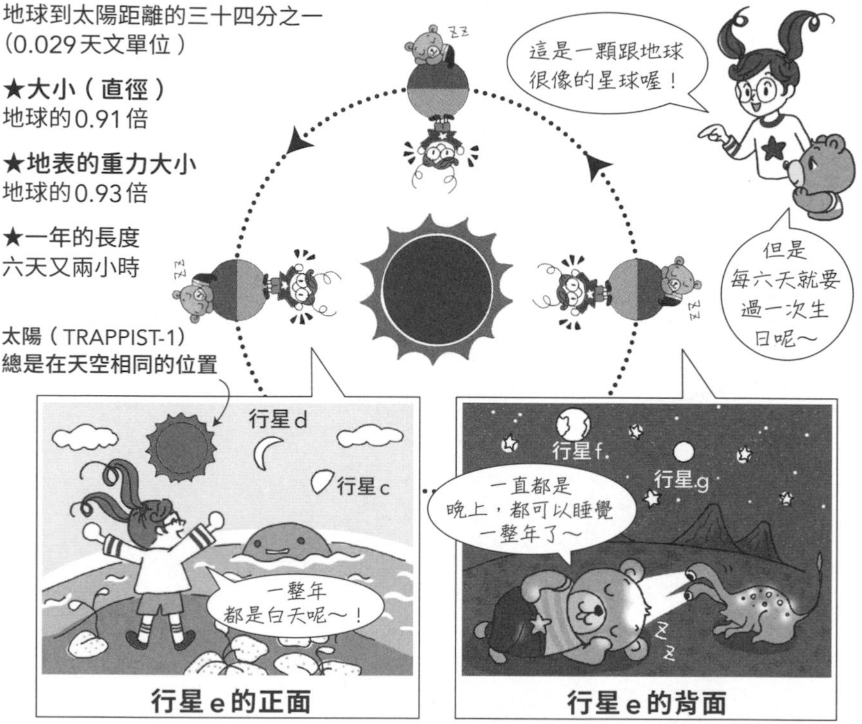

這是一顆跟地球很像的星球喔！
但是每六天就要過一次生日呢～
太陽（TRAPPIST-1）總是在天空相同的位置
行星d
行星c
一整年都是白天呢～！
行星f
行星g
一直都是晚上，都可以睡覺一整年了～
行星e的正面
行星e的背面

TRAPPIST-1的行星上，是否有像人類一樣的智慧生命體呢？二〇一六年，美國加州的艾倫望遠鏡陣列（ATA，Allen Telescope Array）對準了TRAPPIST-1進行觀測。遺憾的是，並沒有接收到來自太空的電波訊號。這是剛好那時外星生命沒有向地球傳送電波訊號嗎？還是TRAPPIST-1的行星並沒有生命誕生呢？又或者即使存在著生命，卻還沒演化成能建構文明的智慧生命？還是說，曾經孕育過生命與建立文明，只是所有的一切到後來已經滅亡了呢？

專欄 2

TRAPPIST-1 星球所開展的世界

TRAPPIST-1 是一顆位於寶瓶座方向，距離地球大約三十九光年的星球。雖然是一顆恆星，但卻是所謂的「紅矮星」，又小又黯淡，大小幾乎與木星相同，質量只有太陽的8%。從地球上所見的視星等是十九等星，如果不用大型的望遠鏡是觀測不到的。

目前科學家在TRAPPIST-1 周圍已發現了多達七顆行星。這些行星沒有另取名字，由內側到外側依序用英文字母b、c、d、e、f、g、h做為代號。例如行星f的正式名稱就是「TRAPPIST-1f」。

TRAPPIST-1 及它的行星群

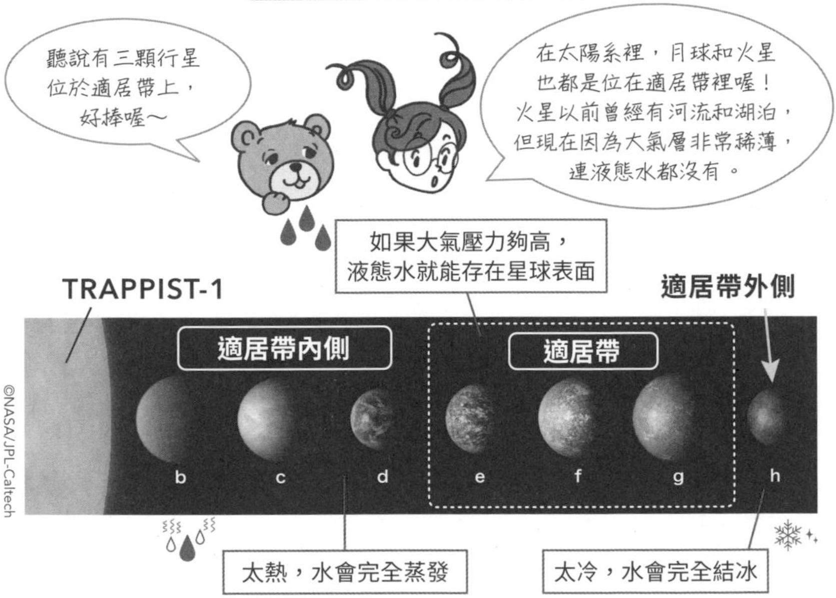
聽說有三顆行星
位於適居帶上，
好棒喔～
在太陽系裡，月球和火星
也都是位在適居帶裡喔！
火星以前曾經有河流和湖泊，
但現在因為大氣層非常稀薄，
連液態水都沒有。
如果大氣壓力夠高，
液態水就能存在星球表面
TRAPPIST-1
適居帶外側
適居帶內側
適居帶
b
c
d
e
f
g
h
©NASA/JPL-Caltech
太熱，水會完全蒸發
太冷，水會完全結冰

由於行星e、f、g位於適居帶內，因此表面可能存在液態水；換句話說，上面可能會有海洋。而海洋之中是否有生物呢？

行星e的比重幾乎與地球相同，所以被認為是一顆像地球一樣，由岩石所構成的星球。另一方面，行星f和g的比重比地球小很多，所以它們或許就像木星的衛星木衛二（歐羅巴）一樣，被大量的水或冰所覆蓋。

3 科幻小說之父——儒勒・凡爾納心中萌生的「東西」

「說不定，儒勒・凡爾納小時候也是跟小美很像的孩子呢。」

「也很奇怪是嗎……？」

爸爸表情和藹的回答：

「說不定喔。具有遠大的夢想、豐富的想像力，而且……」

「而且？」

「還很固執。」

「等一下～～～！比起我，爸爸還更固執吧！每年萬聖節的變裝都扮《星際大戰》的黑武士，還買奇怪的光劍燈，買烤麵包機的時候也說星際大戰特製款比較好，價格貴得要命還常把麵包烤焦，才用沒多久就壞掉了！」

「小美也很固執啊～去日本時一直在轉恐龍扭蛋，直到轉出某某龍來才肯罷休，結果把零用錢都花光了。」

「不是某某龍，是恐爪龍！」

「所以恐爪龍有什麼特別的地方？」

「這位同學，問得好！恐爪龍是一種小型肉食性恐龍，但骨骼卻跟現代的鳥類很相似。因為這個發現，後來『鳥的祖先是恐龍』的理論也慢慢被大家接受。」

「真不愧是小美呢。你以後應該可以成為恐龍研究員吧？」

「雖然也很棒，但我還是想上太空！啊～太空該有多好玩啊！身體輕飄飄的浮在空中，還有從太空船窗戶看著美麗的地球，然後愈來愈遠，直到抵達陌生的星球……」

「儒勒．凡爾納在少年時期也是一樣，想去海邊想得不得了。」

「海邊？去海邊的話，暑假時請大人帶他去就好啦。」

「儒勒．凡爾納是在一八二八年出生的。那時候法國沒有鐵路和汽車，要去其他地方就只能靠走路、坐馬車和搭船。要到遠方旅行或移居，在當時大概還不是很常見吧。」

「所以在以前，對於住在內陸地區的人來說，大海就像太空一樣遠囉？儒勒・凡爾納也是這樣嗎？」

「是啊，但他從小是在港口城鎮裡長大，日常生活中看得到船。」

「這是什麼意思？他住在港口城鎮，但是離海很遠嗎？」

「他住在法國羅亞爾河上游，一個叫做南特的小城鎮裡，那裡距離大海大約五十公里。以前的船很小，可以直接在河上航行。」

「哇～所以從港口出發的船，只要順流而下，就可以航向大海囉。」

「對啊。從來沒見過大海的儒勒・凡爾納，每天望著河道上來來往往的船隻、聽著水手們的故事、聞著船隻從國外運回來的香料的氣味，這樣的度過了他的少年時代。儒勒・凡爾納似乎經常自己一個人幻想。他想像自己出海航行，攀爬繩梯登上船桅的最頂端，環視整片大海。」

「我好像可以理解耶。我也很常自己想像穿著太空衣、搭著太空船，然後

到TRAPPIST-1去呢！我想知道那裡住著什麼樣的生物，還有在那個星球上的夕陽會是什麼顏色。」

「據說儒勒．凡爾納第一次看到大海是在十二歲的時候，他跟弟弟一起從南特搭船順流而下，抵達海岸港口時，他立刻衝下船，跑到海邊去。」

「然後呢？他跳進海裡了嗎？」

「不，聽說他做的第一件事，是用手舀起海水來喝。」

「他有點怪怪的耶。」

小美噗嗤一聲笑了出來。

「所以，他就是因為非常喜歡大海，所以長大以後就成為一個科幻小說作家吧。」

「不，好像也不是這樣。他那時最感興趣的是文學，所以打算去巴黎當一名劇作家。但他的爸爸是一名律師，也希望自己的兒子成為律師。」

「那也太可憐了吧!!他爸爸還真是過分耶！」

小美的語氣突然帶著怒意。

「相信他爸爸也沒有惡意，只是他限制了懷抱夢想的孩子的未來，真的很可憐呢。」

「怎麼可以這樣嘛！我不管爸爸怎麼反對，都一定要上太空!!」

「看吧，小美超固執的啊！」

「囉嗦耶！」

「有時固執也是件好事喔，儒勒．凡爾納後來能實現夢想，也是因為他很固執啊。雖然他爸爸強迫他去巴黎的學校學習法律，但後來儒勒．凡爾納還是堅持走向文學之路，最後他爸爸終於讓步了。」

「嗯嗯，所以當爸爸被媽媽說『固執』的時候，都會找藉口說『不固執就無法實現夢想』啊～」

「……」

「然後，儒勒．凡爾納就可喜可賀的成為作家囉。」

「只不過，前十年完全不紅呢。」

「咦！現在明明這麼有名？」

「好像是因為剛開始他都寫一些主題很平凡的劇本，其中有很多作品從來沒有公演過。」

「後來他是因為什麼原因，才轉換跑道當起科幻小說作家的呢？」

「這個部分沒有留下紀錄耶，你覺得是為什麼呢？」

「一定是海！應該是他回想起小時候對大海的憧憬吧？大海或太空的另一端有什麼東西呢？有誰生活在那裡呢？像這樣興奮的想像著，就能寫出科幻

《氣球上的五星期》書中插圖

小說啦！」

「說不定耶。後來他寫出了科幻小說《氣球上的五星期》，是一個搭乘熱氣球到非洲冒險的故事，這本書可說是一炮而紅。」

「喔～可是在很久以前，不就有很多冒險故事了嗎？像是《辛巴達歷險記》、《格列佛遊記》，還有《桃太郎》或《西遊記》也是。」

「嗯，你說的沒錯。更早期還有古希臘的《奧德賽*》或古印度的《羅摩衍那*》。」

「那儒勒・凡爾納的冒險小說，有哪裡比較特別嗎？」

「這個嘛，舉例來說，那些跟星座有關的希臘神話，或像桃太郎之類的民間故事，小美覺得怎麼樣呢？」

「嗯，小時候很喜歡，但是世界上又沒有鬼怪，神明也不會住在我們隔壁……」

「那《哈利波特》和《魔戒》呢？」

「超喜歡的！全部都看完了。不過像魔法之類的是虛構的就是了。」

「但小美很喜歡的科幻小說，也都是虛構的吧？」

「可是啊，科幻小說就帶有一些真實感，就算同樣是在天上飛，魔法的話

＊1 原書註：《奧德賽》（Odyssey）是西元前八世紀左右寫成的古希臘史詩，描述英雄奧德修斯的航海與冒險故事。

＊2 原書註：《羅摩衍那》（Ramayana）是西元前七世紀到前四世紀寫成的古印度史詩，描述羅摩王子救回被劫走的妻子悉多的冒險與戰鬥故事。

《從地球到月球》書中插圖

很明顯就是虛構的；但如果是飛天車，就會讓人覺得未來可能會實現。」

「對，就是這一點！是科技讓虛構的故事具有真實感。所以人們才會對科幻小說這種新的文學類型那麼狂熱。」

「所以，爸爸才會無止境的把錢花在《星際大戰》上呢。」

「別像媽媽一樣的說話嘛……儒勒・凡爾納後續也創作了許多科幻傑作，接下來就是這本一八六五年寫作的《從地球到月球》，可能是歷史上第一本以太空為題材的科幻小說呢。」

「爸爸你剛剛說，這本書裡有像病毒一樣會傳染的『東西』吧，結果到底是什麼？」

「到底是什麼呢？我想那個『東西』，早在儒勒・凡爾納少年時期嚮往大海、想像遙遠國度中有著什麼樣的人或生物時，在他的內心深處萌芽了吧；後來也出現在他長大後所寫的科幻小說的字裡行間。」

「喔喔！那個『東西』也會傳染給文字嗎？」

「不只是文字喔，繪畫、音樂、影像、建築物，只要是人類所創造出的一切，它都能滲入其中。」

「所以火箭之父也感染了這種東西嗎？」

「對啊。儒勒．凡爾納的科幻小說被翻譯成各種語言，給全世界的孩子閱讀。爸爸在國中時也讀了很多呢。在這數百萬名讀者之中，就包括後來成為『火箭之父』的三位少年，他們特別喜歡的，就是這本《從地球到月球》。當他們沉浸閱讀之中，這個『東西』也悄悄潛入他們的心靈深處，並往下紮根喔。」

「總覺得有點詭異耶……但也多虧那個『東西』，這三個人才能成為『火箭之父』吧。」

「對。那麼接下來，我們來聊聊這三個人是怎麼為太空時代奠定基礎的吧。」

專欄 3

三角貿易——殘留在法國南特的「負面歷史」

南特是儒勒．凡爾納成長的地方，從十五到十八世紀曾是法國最重要的貿易港口之一。
那麼，這裡曾與哪些國家，進行過什麼樣的貿易呢？

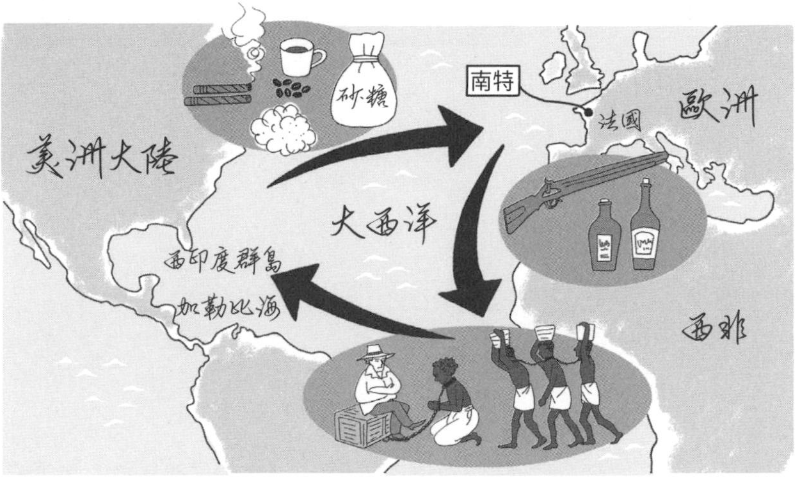

事實上，南特的水手們主要從事的，就是在歷史上惡名昭彰的三角貿易。從南特出發的船隻，首先經由大西洋南下，往西非航行，接著橫渡大西洋去到美國或加勒比海的島嶼，最後又橫渡大西洋回到法國。由於這是連結了三個地點的貿易，所以稱為「三角貿易」。

那麼，這個三角貿易為何如此惡名昭彰呢？

從南特出發的貿易船，滿載了槍枝等武器。在當時，西非部落之間不斷發生戰爭，所以非常需要歐洲提供的武器。在戰爭中獲勝的一方，會俘虜戰敗部落的人，把他們賣給歐洲人當奴隸，藉此來交換武器。這些奴隸就被歐洲人的貿易船送到了美國，再賣給生產砂糖或棉花原料的種植園（大規模、密集耕作的農場），因為當時的農場需要奴隸的勞動力。而歐洲人會以販賣奴隸賺取的金錢購買砂糖，再帶回歐洲販售。

歐洲的商人就這樣在橫跨大西洋的三個地點之間航行，用武器換取奴隸、再用奴隸換取砂糖，藉此從中牟利。

（左）位於塞內加爾首都達卡的戈雷島上的「奴隸堡」以及（右）奴隸堡面海一側的「不歸門」，受俘虜的黑人被集中收容在這座堡壘，最後會通過這道門被載上船，然後送到美國。

然而，身為奴隸後代的黑人，如今仍處於社會的弱勢地位，歧視或貧富差距的問題根深蒂固、留存至今。

儒勒．凡爾納在南特出生成長時，奴隸貿易已廢除。

同時，南特也因此失去了貿易港口的地位，而進入夕陽時代。如同美麗的蓮花是從淤泥之中綻放出來，在一個過去曾經殘酷至極的城鎮中成長的少年，最後成為了描繪人類光明進步未來的科幻小說作家。

這樣的事實，或許多少也讓我們對於人類的未來感到些許希望。

這座建築物位於美國南卡羅萊納州的查爾斯頓，過去曾為奴隸市場。黑人奴隸在這裡被當做商品買賣。

儒勒・凡爾納描繪出人類的進步

非洲人被做為奴隸販賣的痛苦是難以想像的。他們曾經擁有的一切在戰火之中全被焚燬，他們從居住的村莊裡被強行擄走，並在環境惡劣的船上度過好幾個月；然後被帶到數千公里以外的美國，被迫在種植園中勞動，失去自由與人權。不僅是成年人，連兒童也會被當成奴隸販賣。當時有些小孩與家人被拆散，還有許多孩子因此失去生命。

為什麼人類可以對同類做出這麼殘酷的事情呢？

為什麼可以將人視為物品、將他標價，然後剝奪他所有的自由與尊嚴、並販賣他和鞭打他呢？

這只能說是因為欠缺想像力。為了追求自身的利益，就忘了設身處地的去思考奴隸們深沉的痛苦和悲哀。

其中有一些奴隸為了脫離痛苦的處境，拿起武器挺身反抗。另外，也有一些白人同情奴隸的處境。一七九四年，法國宣布廢除奴隸制度，一八〇七年，英國禁止了奴隸的買賣。

而奴隸的輸入國——美國，也在一八六五年廢除了奴隸制度，歷經了數代痛苦的美國奴隸，至少在法律上獲得了自由。

4 俄羅斯火箭之父——齊奧爾科夫斯基的火箭方程

爸爸口渴了，走進廚房，小美也跟著過去。爸爸一邊把水倒進杯子裡，一邊繼續剛才的話題。

「現在，差不多該來談談俄羅斯的火箭之父，伽奧爾科夫斯基囉！」

「不對啦，不是伽奧爾科夫斯基，是齊奧爾科夫斯基！」

「又沒有差很多……」

「不行啦，要好好正確發音！」

「是的，抱歉……那個伽爾……喬爾……齊爾……」

「是齊奧爾科夫斯基！」

「伽奧爾科夫斯基。」

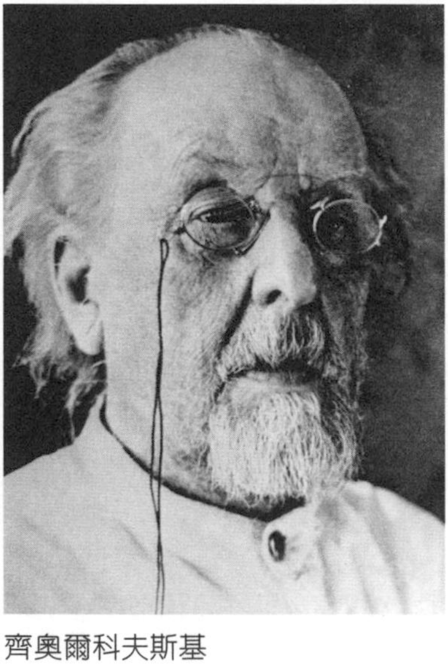

齊奧爾科夫斯基

「齊奧爾科夫斯基!!」

「喬爾科夫斯基。」

「齊奧爾科夫斯基!!!!」

「齊奧爾科夫斯基……」

「合格。」

「……那個，我要說什麼啊，對了，齊奧爾科夫斯基。你知道他為什麼被稱為『火箭之父』嗎？」

「火箭方程！」

「沒錯！」

「是一個計算火箭加速到某個速度，需要什麼樣的引擎性能、裝載多少燃料才足夠的算式吧。」

「你很清楚嘛。」

「齊奧爾科夫斯基也是個怪人嗎？」

「好像是喔。據說他的綽號是『卡盧加的怪人』。」

「這個綽號好過分喔……為什麼別人覺得他很奇怪呢？」

「大概是他的想法在那個時代裡太超前了吧。齊奧爾科夫斯基是在一八五七年出生的，那是個連飛機都還沒出現的時代。人類在天空遨翔還只是童話，說什麼上太空，只會被人覺得腦袋有問題吧。」

「明明現在看起來，一點都不奇怪。」

「而且聽說齊奧爾科夫斯基不擅長跟人打交道，總是孤獨一人呢。」

「為什麼？」

「他九歲時因為生病，耳朵幾乎聽不見，十三歲時母親也去世了。」

「好可憐喔……」

「因為精神上的打擊，使得他無法跟上學業進度，還被同學孤立，在學校的表現也不守紀律。他留級兩次，最後從國中退學了。後來他就待在家裡不出門，據說大部分的時間都花在閱讀書籍上。」

「我可以理解……我有時候也覺得，書本好像比朋友更能明白我的心情。」

「是啊。對於少年齊奧爾科夫斯基來說，其中一本這樣的書就是……」

爸爸用手指敲了敲那本紅色書籍，一邊說道。

「就是這本儒勒・凡爾納的書！」

「對！就在他著迷的反覆閱讀時，那個『東西』就潛入了齊奧爾科夫斯基心中了。」

「出現了！真面目不明的病毒！齊奧爾科夫斯基後來怎麼樣了？」

「他後來開始研讀數學與物理，用自學的方式。」

「所以是一感染就會想要用功讀書的病毒……？」

「哈哈哈，搞不好是這樣的東西呢。」

「我可能不想被感染……」

「他的父親看到後，感覺到自己兒子朝這方面發展的可能性，所以在一八

七三年時，讓齊奧爾科夫斯基進入莫斯科的大學就讀。」

「靠自學上大學，真是厲害！」

「但是他過不久又不去大學上課了，整天都窩在圖書館裡自學。」

「他真的都沒有朋友呢……不會覺得很寂寞嗎……」

「他後來有結婚生子喔。但是他的兒子最後卻自殺了，女兒則是因參加俄國革命而被逮捕。」

「怎麼這麼可憐啊……他聽力喪失、媽媽早逝，也失去自己的孩子……」

「還好，他後來在莫斯科郊外一個叫做卡盧加的小鎮，找到一份高中教職的工作，然後在課餘時間獨自進行科學研究，就這樣度過了一生。」

「研究出重大發現的『火箭之父』，原來是一位高中老師啊。」

「對啊。他沒有獲得大學或是企業的資助，也沒有拿過私人提供的研究經費，就這樣一個人關在房間裡，每天研究上太空的方法。周遭的人應該無法想像他在做什麼吧，也難怪齊奧爾科夫斯基會被稱為『怪人』了。」

「但其實不是齊奧爾科夫斯基很奇怪，只是一般人沒辦法理解他而已吧！畢竟，沒有火箭方程，根本就無法設計出火箭，也沒辦法實踐行星的探測計畫啦！」

「你說得沒錯，是他的思想已遙遙領先了那個時代。」

「其他的火箭之父也都是怪人嗎？」

「對啊。那我們再來聊聊戈達德吧。」

專欄 4

超簡單說明「火箭方程」

齊奧爾科夫斯基推導出來的火箭方程，是什麼樣的數學算式呢？

火箭的體積非常巨大，但其實，火箭上面只有其中一小部分能夠上太空，剩下的部分幾乎都是推進劑（煤油或液態氫等燃料，與液態氧等氧化劑）。例如阿波羅計畫所使用的火箭「農神5號」，從地球出發時，質量有2970噸，而其中用於飛往月球的太空船（指揮艙、服務艙、登月小艇）只有45噸而已；火箭引擎、儲存槽和其他結構的質量約為190噸，所以剩餘約2700噸全都是推進劑。那麼，火箭需要裝載多少推進劑才有辦法飛上太空呢？用來計算這個質量的算式，就稱為「火箭方程」。

★★★

為了簡單說明，請試著想像一下。
有個質量1噸的火箭在外太空飄浮著。這個火箭有點特別，它沒有裝載推進劑，但裝載著質量1噸的大球。換句話說，整體的質量是2噸。
這個火箭還有個更特別的地方，它沒有裝載一般的火箭引擎，而是讓小美站在上面。讓我們做個假設，小美是個超級厲害的大力士，不論是多重的球，她都能以每秒2公里的速率（時速7200公里）把球扔出去。

當小美把球往後方扔時，會發生什麼事情呢？

從小美的角度來看，當然是球以每秒2公里的速率朝後方飛出去。而事實上，在扔球的同時會產生反作用力，令火箭往前方加速（稱為作用力與反作用力定律）。當另一位飄浮在外太空的觀察者來看，會像下圖一樣，大球是以每秒1公里的速率往後飛，相反的，火箭也會以每秒1公里的速率往前移動。也就是說，把球扔出去會讓火箭加速到以每秒1公里的速率移動。

那麼，如果想讓兩倍質量——也就是2噸的火箭加速到每秒1公里，應該怎麼做呢？答案很簡單，只要扔出兩顆1噸的球就好。如果火箭的質量是4噸，那麼扔出四顆球就可以了。

我們來總結一下。質量1噸的火箭要加速到每秒1公里的速率，總質量需要兩噸；加速到每秒2公里需要4噸，加速到每秒3公里則需要8噸。

你已經明白了吧！想要讓火箭運行的速率達到每秒1公里，出發前的總質量就需要加倍。

要成為環繞地球的人造衛星，速率就必須達到每秒8公里（第一宇宙速度，精確來說是每秒7.9公里）。那麼火箭在出發前的質量會是多少呢？

請試著將2乘以自己八次。

1噸×2×2×2×2×2×2×2×2＝256噸！

其中上太空的人造衛星，質量就只有1噸，剩下的255噸全都是火箭的推進劑。

這就是為什麼上太空的火箭要建造得那麼巨大。當然，真正的火箭不是靠扔球前進，而是靠推進劑朝後方噴射，來向前加速，原理是一樣的。

想要讓火箭的運行速率增加n倍，總質量就要以2的n次方來估算。
這就是齊奧爾科夫斯基所推導出來的火箭方程。

如果想讓比較小型的火箭達到宇宙速度，那就必須請小美勤做重訓，用更快的速度把球扔出去。

換句話說，就是改良火箭的引擎，來提高推進劑的噴射速度。在齊奧爾科夫斯基的年代，由於固體燃料的噴射速度不夠快，所以需要建造超巨大的火箭（裝載許多燃料）才能上太空。因此，將在下一章登場的戈達德，他就挑戰了大幅提高噴射速度，研發出液體燃料火箭。

聽到沒，
要上太空
就得做重訓！
嗯～
我要待在
地球上～

那麼問題來了！

Q. 需要多少顆球，才能將質量1噸的火箭速率提升兩倍，也就是加速到每秒2公里呢？因為速率變成兩倍，所以是兩顆球嗎？

A. 實際上需要三顆球。這是為什麼呢？請看看下面的圖。
首先，小美以每秒2公里的速率同時扔出兩顆球。
那麼剩下的一顆球加上火箭，整體會加速為每秒1公里的速率。
緊接著，小美將剩下的那顆球扔出去時，火箭的速率就會從每秒1公里，加速到每秒2公里。因此，出發前的配備有：1噸火箭裝載三顆1噸的球，總質量是4噸。

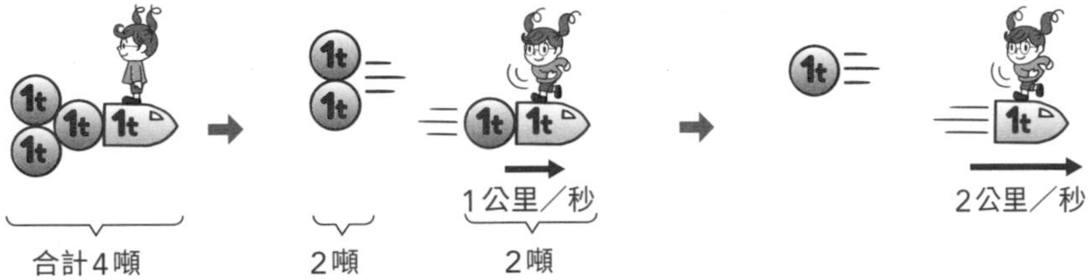

Q. 那麼，需要多少顆球，才能將質量1噸的火箭移動速率提升到每秒3公里？

A. 正確答案是七顆。速率只是變成三倍，卻需要七顆球！
加上1噸的火箭本體，出發前的總質量就會高達8噸了。
為什麼需要七顆呢？請看看下面的圖。
首先，小美一口氣扔出四顆球。如此一來，裝載著剩下三顆球、質量總計4噸的火箭，速率為每秒1公里。
接下來，小美扔出兩顆球，裝載著剩下一顆球、質量總計2噸的火箭，速率就變成每秒2公里。
然後，扔出最後一顆球，才能達到每秒3公里的速率。

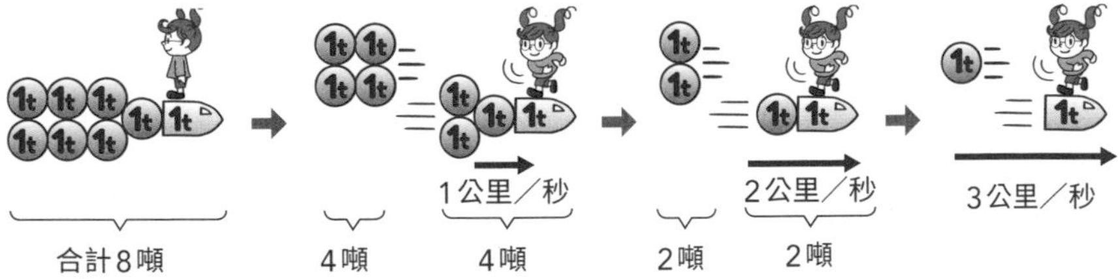

5 美國火箭之父——戈達德的夢想與挫折

爸爸與小美坐到沙發上，接著繼續聊天。

「美國的火箭之父，羅伯特．戈達德，出生於一八八二年，年紀比齊奧爾科夫斯基小了二十五歲呢。他在美國麻州的伍斯特市長大，據說他的奶奶和媽媽都太過保護他了，戈達德生點小病或受點傷，就令她們驚慌失措，要戈達德待在家裡，因此他留級了兩年。」

「真同情他！為什麼每個媽媽都這麼愛操心呢？什麼不吃青菜會生病啦、不擦防晒乳會得癌症啦、看太多電視會變笨啦……要是人類這麼脆弱，老早就滅絕了！」

「哈哈哈哈，小美要是有了自己的孩子，也一樣會愛操心啦。」

「才不會呢！」

「誰知道呢，很難說喔。話說回來，戈達德在少年時期就很沉迷於科幻小說，據說他讀了儒勒・凡爾納的《從地球到月球》還有H・G・威爾斯的《世界大戰》後，就對太空產生興趣了。」

「我也讀過《世界大戰》！就是長得像章魚的火星人攻打地球的那本吧！」

「對！就是那本！戈達德他家裡有一棵櫻桃樹，據說他在十七歲那年，可能是因為幫忙家裡吧，所以爬上樹去修剪樹枝。然後他看到了天空，那一刻，那個『東西』湧上了他的心頭。戈達德就這樣跨坐在樹枝上，停止動作，凝視著天空的另一端，想像著『如果能做出可以登上火星的機器，那該是多麼棒的一件事啊』。」

「咦？在樹上幻想著火星旅行嗎？那比我還奇怪耶～！」

「哈哈哈，對耶。但似乎這一次的靈感，成為他夢想的起點。戈達

羅伯特・戈達德

德從此以後，畢生都致力於建造他年少時的夢想『能登上火星的機器』。」

「等等，爸爸，我有問題！為什麼是『機器』啊？不是火箭嗎？」

「真是個好問題！你覺得為什麼呢？」

「咦～為什麼，總不至於是不知道火箭吧……」

「就是這樣喔！事實上，十九世紀時根本沒人想得到，火箭會成為前往太空的交通工具啊。」

「咦咦！可是圖鑑上寫說，火箭至少在十三世紀的時候，就已經在中國發明出來了。」

「你說的也沒錯。古代的火箭是被當成武器使用，蒙古帝國入侵歐洲時，這個技術就傳到西方世界。」

「我愈來愈搞不懂了。為什麼明明有火箭，卻沒想過用火箭上太空呢？」

「這本書有提示喔。」

爸爸拿起儒勒．凡爾納那本紅色的書，啪啦啪啦的翻著。書中隨處可見版畫風格的黑白插圖，爸爸翻到其中一張圖時停了下來，拿給小美看。

「這不是火箭！是什麼東西啊？」

「是大砲。」

「大砲!?難道是打算騎著大砲上月球嗎？」

「就是這樣。製作出超巨大的大砲，讓人進到裡面去，然後朝著月球轟然發射。這裡說的是這樣的故事喔。」

「我還是不懂耶。明明在十三世紀就有火箭了，為什麼還想要用大砲上月球呢？」

「十九世紀時，大砲才是最新的技術喔。人們能正確計算它的飛行路線，擊中數公里以外的目標。跟大砲相比，火箭則已經是六百年前的落伍技術了，感覺上跟沖天炮差不多，飛行的距離又短，也不知道會飛到哪裡去。所以根本沒有人想像到，這種像是玩具的技術可以上太空。」

「現在的常識在以前來說並非常識呢。不過，是誰第一個想到用火箭上太空的呢？」

《從地球到月球》書中插圖

「就是我們現在正在聊的這兩個怪人啊。」

「齊奧爾科夫斯基跟戈達德？」

「對！落伍的技術其實是實現太空旅行夢想的關鍵，察覺到這點，可能是太空探索史上最大的突破吧，所以他們才會被稱為『火箭之父』。」

「所謂的突破*，不只是發明新東西呢！從那些被遺忘的古老技術

*原書註：突破（breakthrough）指的是超越以往的障礙，達成飛躍式的進展。

中，重新發掘出新的價值，也是一種突破！」

「你說得一點也沒錯！」

「有了這麼偉大的發現，以前說齊奧爾科夫斯基跟戈達德是『怪人』的人，後來有深刻反省了吧！」

「這倒也沒有。像是在一九二〇年的時候，《紐約時報》刊登了一篇批評戈達德研究的報導。內容大致上是『任職於克拉克大學，並獲得史密森尼學會資助的戈達德教授，因為完全不了解作用與反作用力定律，所以也不明白力在真空中起不了作用，實在荒唐。很明顯的，他甚至不具備高中程度的物理知識。』*這篇報導主要是想表達，戈達德利用火箭上太空的點子，根本是胡說八道。」

「那篇報導才是胡說八道吧！」

「顛覆既有的常識很困難吧。用火箭飛向太空之類的想法，在當時候可能被認為，像是騎著掃帚在天空中遨翔一樣的異想天開吧。」

「因為領先了時代一大段距離，所以才會被別人視為怪人啊……」

「人們對於不是親眼所見的事物，就是很難相信呢。」

「所以戈達德想要做出能夠上太空的火箭，讓那些笑自己是怪人的人，親眼看看對吧。」

「可是最終，戈達德的火箭沒能抵達太空。即使是最成功的一次實驗，他的火箭抵達的高度也只有二．七公里，速度則是每秒〇．二五公里。」

「地球大氣層與外太空分界的卡門線，高度就有一百公里了，而人造衛星所需的『第一宇宙速度』是每秒七．九公里，這與外太空還有一大段距離啊……他一定很懊惱吧……他的火箭缺少什麼呢？」

「這個嘛……最缺的，就是錢吧。」

「錢……？」

＊原書註：過了四十九年後的一九六九年七月十七日，在農神5號火箭載著阿波羅11號飛上月球的隔天，《紐約時報》才終於刊登了「更正與道歉啟事」。

「嗯。研發火箭是需要龐大資金的，當時他被大家視為怪人，就連研究人員中也有不少人抱持懷疑的態度，在那種情況下，要募集研究經費非常困難。」

「這我超能理解的！我的零用錢也是，不管再怎麼拜託，都不會增加！」

「不，我想這是兩碼子事。」

「咦，爸爸，是因為我是怪人的關係嗎？」

「啊？不，那個，不是這樣的……」

「那你可以幫我增加零用錢嗎？」

「你去問媽媽！」

「啊，逃避了！」

「那個……話題扯遠了。關於戈達德，我可以再說一件事嗎？」

「不可以。」

「我們家管錢的人，畢竟是媽媽呀……」

「唉，也沒錯啦……」

「那個，要說什麼呢……都忘記原本要說什麼了啦……對了、對了，戈達德雖然沒有做出抵達太空的火箭，但他留下了對於現代太空探索非常重要的成就喔。你應該看過，他帶著火箭站在雪地裡的那張知名照片吧？」

「啊，你是說那個像鐵絲架一樣的火箭？」

「對，那可是全世界第一枚液體燃料火箭呢。雖然造型跟現在的火箭很不一樣，但基本該有的構造都是一樣的。你看，這裡是引擎，這裡有燃料儲存槽……」

爸爸一邊用筆在紙上畫圖，一邊解釋著。

「這架火箭有好好飛起來嗎？」

「要說飛嘛，是飛起來了。飛行時間大約二．五秒、高度達到十二公尺。據說最後是墜落在附

戈達德與全球首枚液體燃料火箭。
©NASA

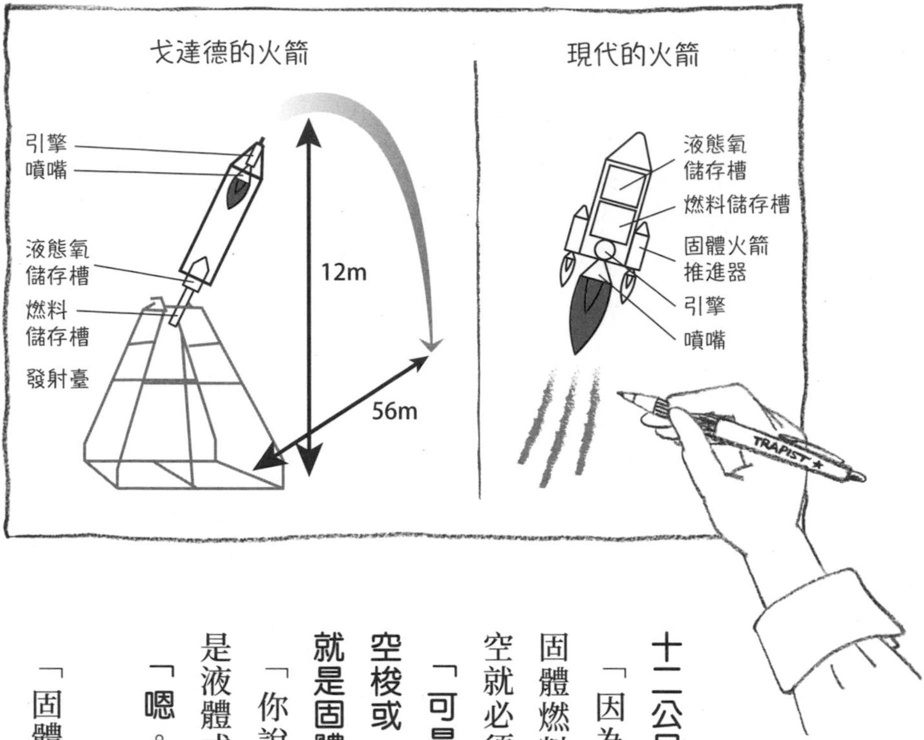

近的菜園裡。」

「為什麼那個只有上升十二公尺的鐵絲架，會這麼有名啊？」

「因為在那之前的火箭，全部都是固體燃料火箭。戈達德發覺，要上太空就必須使用液體燃料火箭。」

「可是現在也有固體火箭啊，像太空梭或H3運載火箭側面的推進器，就是固體火箭吧。」

「你說的沒錯，但是中央的主火箭是液體式的吧。」

「嗯。」

「固體火箭一旦點燃，沒燒完之前是

不會停止的。這就好比汽車引擎一發動，就會油門全開持續跑到沒油為止。」

「也好像媽媽打開話匣子一樣呢。」

「哈哈哈，沒錯。如果要去月球或火星，就必須讓太空船以正確的速度、朝向正確的方向飛對吧。這種細微的操控，沒有液體燃料火箭是做不到的喔。而且在戈達德的年代，固體火箭的性能比現在還差，所以光靠固體火箭是上不了太空的。」

「原來如此。換句話說，那個鐵絲架火箭，就像是現在所有太空火箭的祖先囉。」

「沒錯！」

「戈達德雖然是個怪人而且又缺錢，但是他很厲害耶。」

「戈達德高中畢業時，以畢業生代表的身分致詞，他是這麼說的：

『科學教會我，只有無知，才會片面的斷定什麼事情是不可能的。……科學已經一次又一次的證明了這一點。昨日的夢想就是今日的希望，也將成為明日的現實』。」

「太棒了！昨日的夢想就是今日的希望，也將成為明日的現實！我一定要做出能夠去TRAPPIST-1的太空船！」

「但是，如果小美跑去那麼遠的地方，爸爸會很寂寞的……也要帶爸爸一起去喔！」

「絕對不要！」

「咦～為什麼啊？」

「阿姆斯壯也沒有帶媽媽上月球啊。」

「可是往返月球只要七天，TRAPPIST-1是在幾光年以外啊？」

「三十九．六光年。就算用光的速度往返，大概也要八十年吧。」

「在小美回來之前，爸爸就會先往生了喔……」

「真拿你沒辦法，那如果你幫我增加零用錢的話，我可以考慮一下。昨日的夢想是明日的現實♪」

「這……」

比海王星還大的巨大氣體行星雖然並不罕見，但數量也沒有太多。我們太陽系裡就有兩個巨大的氣體行星（木星與土星），可能算是有點「特別」。

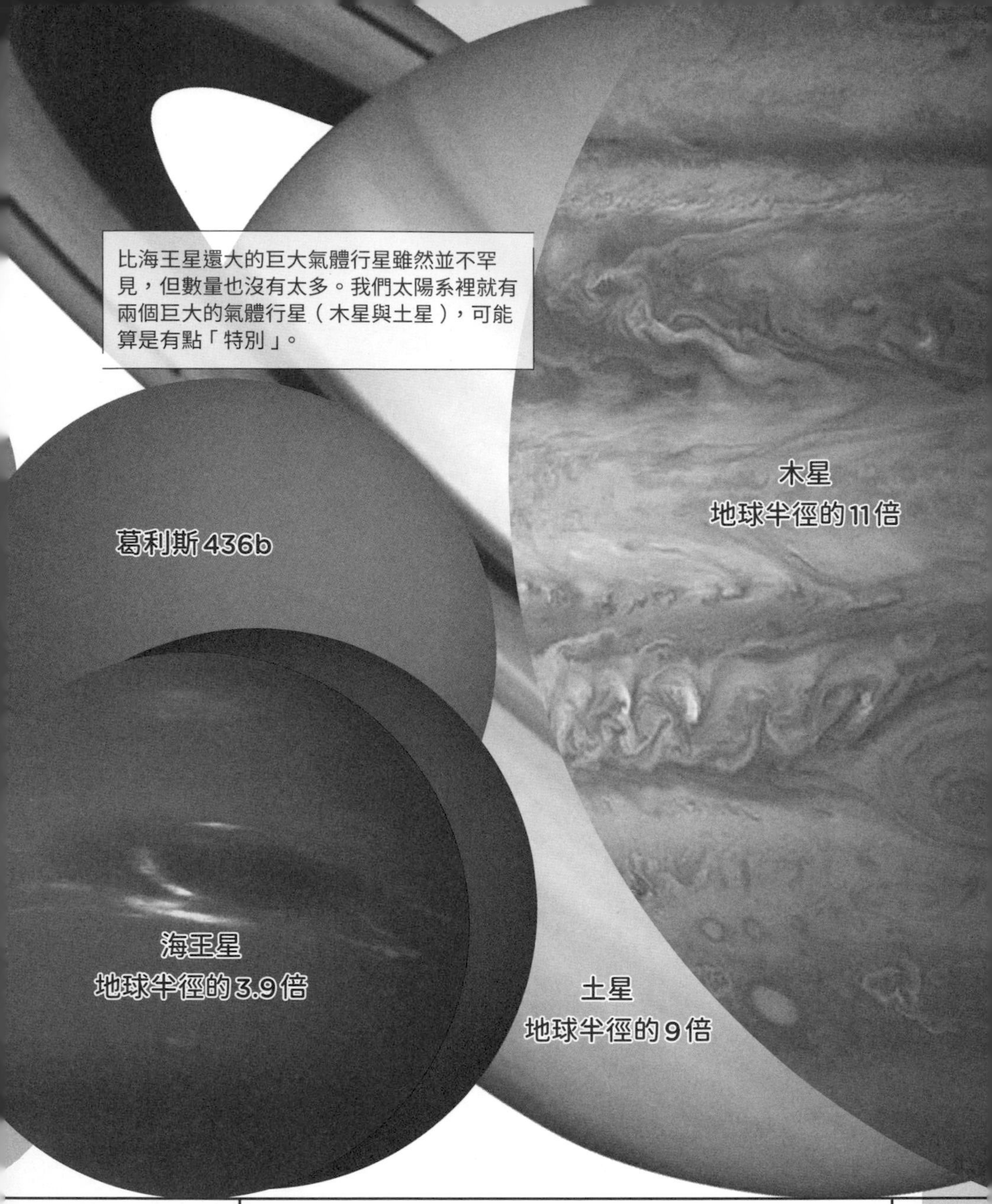

火星、海王星、土星圖 © NASA/JPL-Caltech　木星圖 ©NASA/JPL/Space Science Institute

專欄 5 系外行星 & 我們的太陽系有點「特別」？

在太陽系以外發現的行星，稱為「系外行星」。到2024年5月為止，我們已經發現了超過5000顆系外行星，一般認為，在銀河系中像太陽一樣的恆星，幾乎都有圍繞自己的行星。其中數量最多的，是尺寸比地球還大、比海王星還小的行星。

但由於某種原因，在太陽系之中，並沒有尺寸介於地球與海王星之間的行星。

系外行星大小比一比

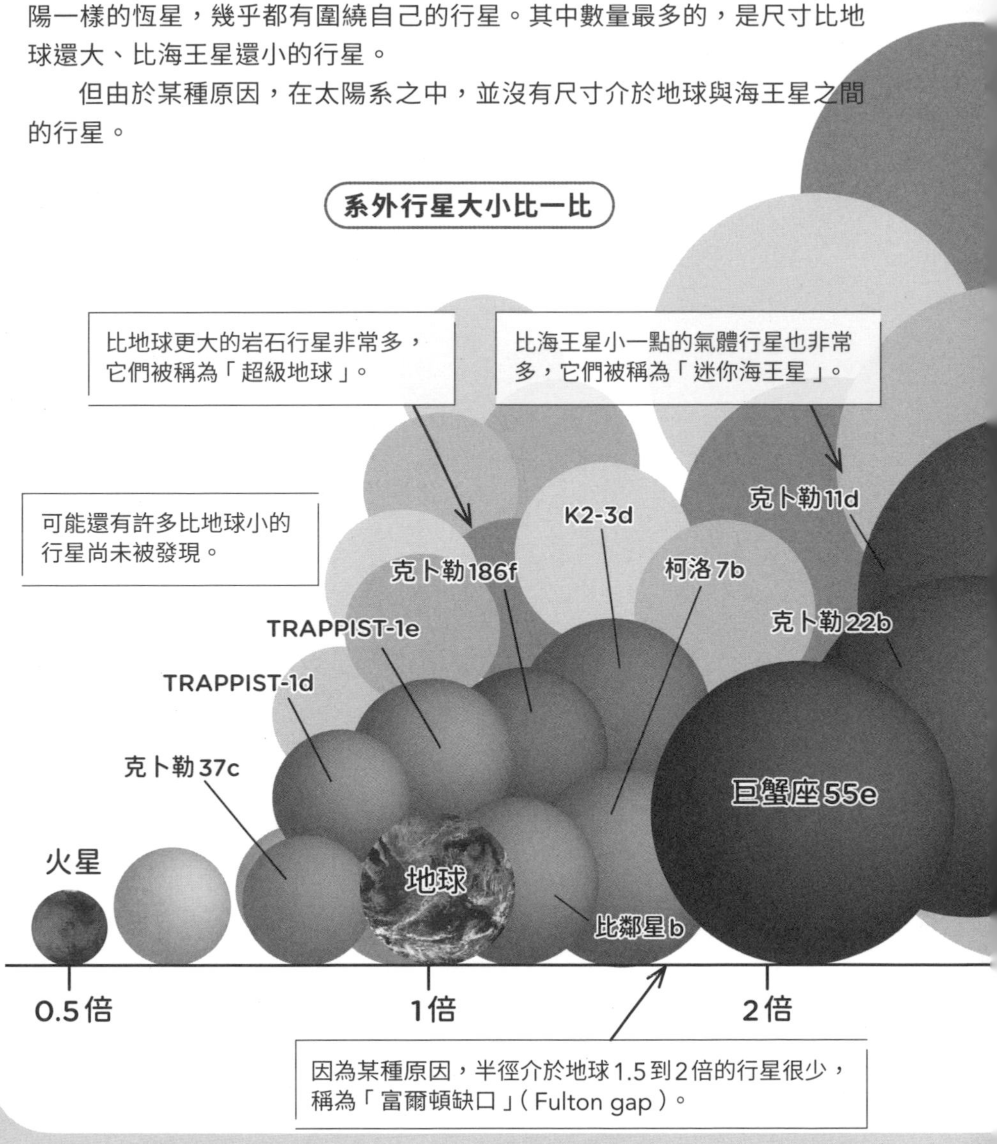
比地球更大的岩石行星非常多，它們被稱為「超級地球」。
比海王星小一點的氣體行星也非常多，它們被稱為「迷你海王星」。
可能還有許多比地球小的行星尚未被發現。
克卜勒11d
K2-3d
克卜勒186f
柯洛7b
克卜勒22b
TRAPPIST-1e
TRAPPIST-1d
克卜勒37c
巨蟹座55e
火星
地球
比鄰星b
0.5倍
1倍
2倍
因為某種原因，半徑介於地球1.5到2倍的行星很少，稱為「富爾頓缺口」(Fulton gap)。

 地球圖 ©NASA

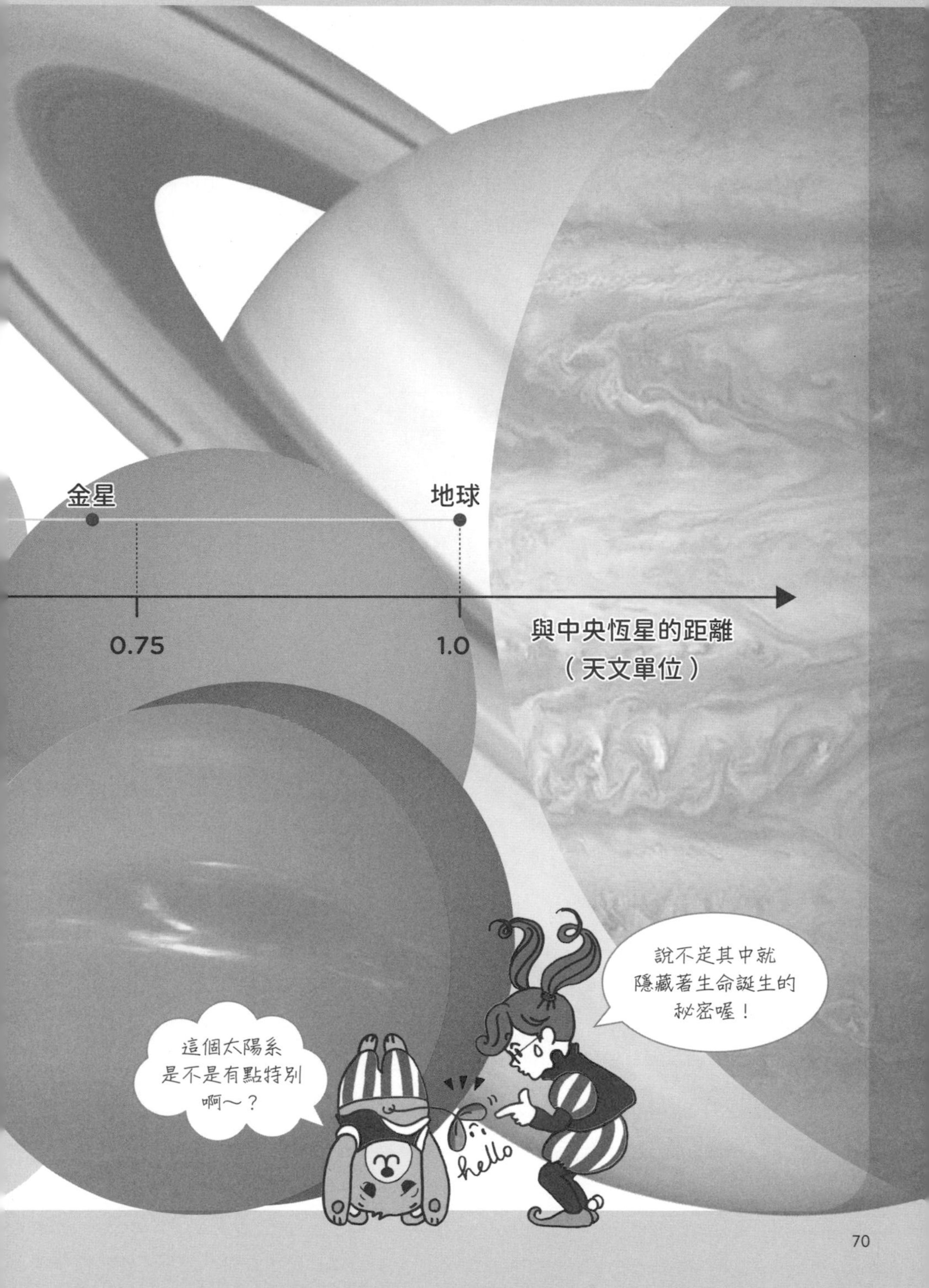
金星
地球
0.75
1.0
與中央恆星的距離
（天文單位）
說不定其中就
隱藏著生命誕生的
秘密喔！
這個太陽系
是不是有點特別
啊～？
hello

與中央恆星的距離

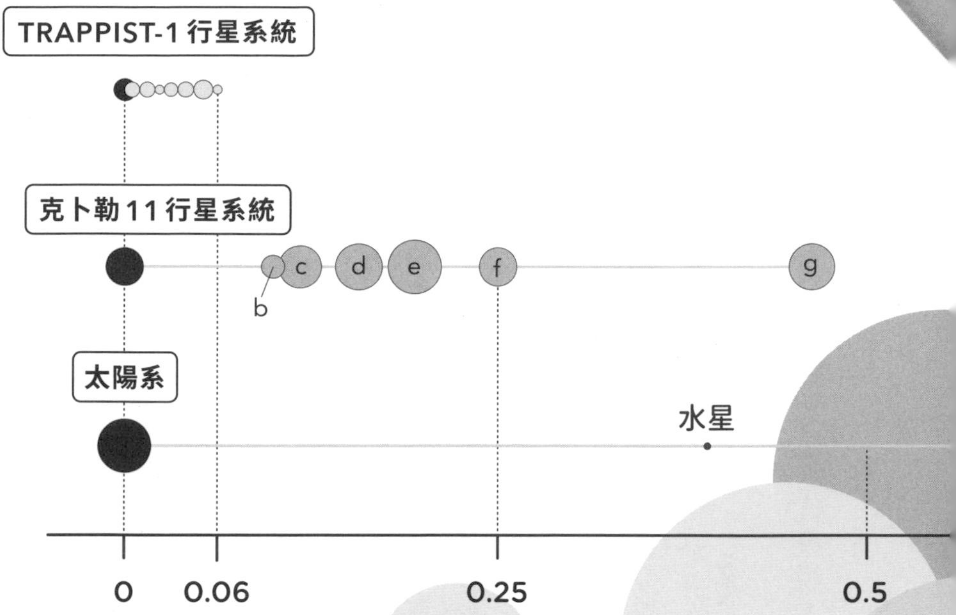

小美所嚮往的TRAPPIST-1行星系統非常的小而結實，若與太陽系放在一起比較，它所擁有的七顆行星，全都在比水星軌道更內側的範圍運行。位於中央的恆星，大小約只有太陽的十分之一，是一顆黯淡的紅矮星；從中央算起大約0.06個天文單位（太陽到地球距離的6%）距離內，具有七顆與地球差不多大小的星球運行著。

在許多行星系統中，距離中央恆星比較近的位置，都有比地球還大的行星。例如克卜勒 11 行星系統中，在比金星軌道更內側的範圍內，具有六顆超級地球／迷你海王星。

但是在我們的太陽系中，因為某種原因，距離中央恆星較近的位置，並沒有尺寸較為大顆的行星。太陽系可能有一點特別呢！

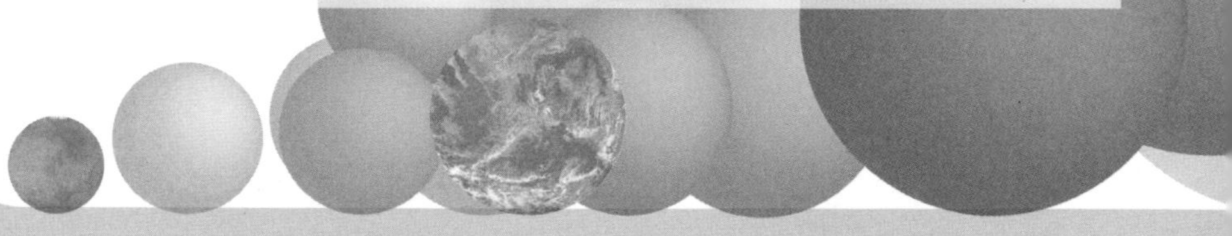

6 德國火箭之父——奧伯特傳遞下去的太空接力棒

「話說回來，媽媽說她幾點要回家呢？」

「剛剛傳訊息來囉，說已經在搭車了。」

「那晚餐呢？」

「要在家吃。對了，還有另一位火箭之父——奧伯特，也聊一聊他吧。他

也是個怪人嗎？好像比齊奧爾科夫斯基跟戈達德還沒有存在感耶。」

「這樣沒禮貌喔……好吧，奧伯特出生於一八九四年，他小時候也很迷儒勒．凡爾納的《從地球到月球》喔。」

「然後也感染到那個像病毒的『東西』？」

「對。後來他一路讀到博士，研究太空旅行。但是，他的博士論文卻被判定不合格。」

「一定是因為論文內容對那個時代來說太超前了。」

「據說大學裡沒有任何一位教授能看懂他的論文呢。」

「啊啊……」

「教授要求他重寫論文，所以固執且自尊心又很高的奧伯特索性就退學了。他在心裡似乎嘀咕著『我不在乎，我會證明，就算沒有博士學位，我也能成為比你們都還要偉大的科學家』。」

奧伯特

「那個博士論文裡寫了什麼啊？」

「火箭原理就不用說了，另外還有登陸月球、小行星探測、電力推進，還有移民火星……」

「太厲害了！想不到在一百年前就提出了這麼創新的內容啊！」

「然後奧伯特把被駁回的論文出版成書，書名就叫《飛往星際空間的火箭》。這本書也把從儒勒·凡爾納那裡繼承的『東西』，繼續傳給下一代。」

「我好像慢慢了解到那個像病毒的『東西』的真面目了。」

「你覺得是什麼？」

「我身上也有吧？」

「嗯！」

「它像病毒一樣會傳染吧？」

「嗯!!」

「儒勒·凡爾納想像著從沒看過的

大海……火箭之父想像著沒人想過的太空火箭……而我則是想像著沒人知道的TRAPPIST-1星球上的恐龍……就是這樣吧，閉上雙眼會浮現出來，在心裡可以聽到聲音，感覺胸口的心臟怦怦跳……」

「沒錯！」

「嗯～該怎麼說呢……」

「是什麼呢？」

「不只是讓人覺得興奮激動而已，跟緊張悸動也不一樣，是在形成夢想之前的東西……」

「對對。」

「找不到形容詞耶……興奮、好奇心、願景、靈感……」

「嗯嗯。」

「想像力!!」

「這個詞真是太貼切了。」

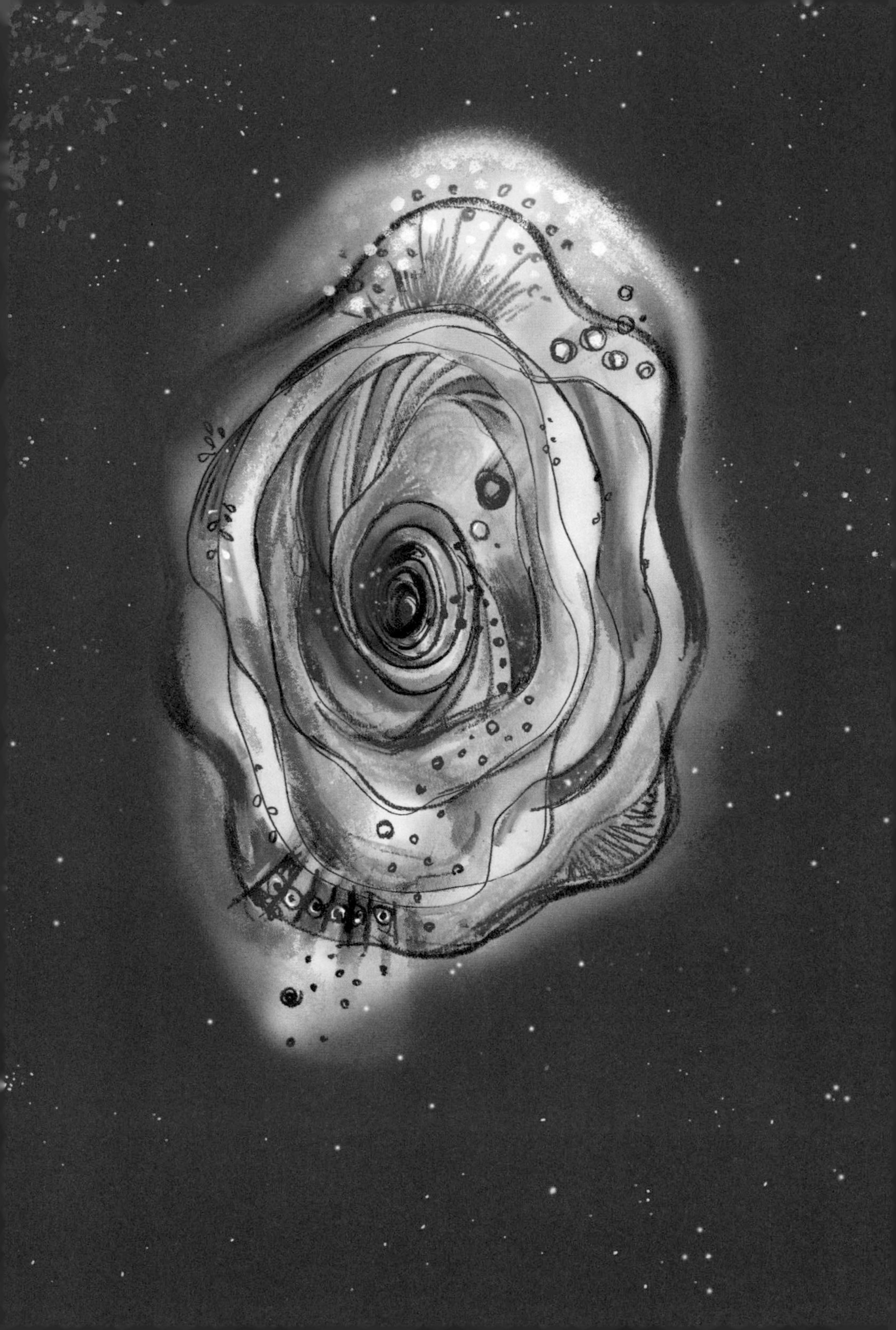

「就連眼睛沒有看見的、甚至是不存在的東西，都能在腦海中想像出來！」

「你說得沒錯呢。我覺得想像力正是人類文明的起點。要是人類的思考只限於雙眼能見的範圍，那麼不管腦袋有多大，現在都還只是在森林裡過著狩獵採集生活吧。因為能夠想像一些看不見的東西，並想要去實現它，科技才會愈來愈發達。」

「儒勒．凡爾納想像出月球旅行，而感染到這種想像力的火箭之父，則為了實現它，付出畢生的心血去努力呢。」

「不只是太空探索。包括詩歌、音樂、藝術、故事、城市、道路、汽車、電腦、手機、機器人及人工智慧等，全部都是想像力的產物。」

「那些火箭之父之所以會被認為是『怪人』，可能就是想像力太豐富吧。他們一定是看到其他人所看不到的東西。」

「對啊，而且還很固執。不論別人怎麼嘲笑，都無法改變他們認為『想像能變成現實』這樣的信念。」

「固執的怪人可以開創出新時代！」

爸爸瞇起雙眼，一臉溫柔的說著：

「是啊。所以，如果有人說小美很奇怪，不要在意就好。」

「對耶。但是……」

小美的神情又蒙上陰影。

「我還是不想變得連一個朋友都沒有……我可能沒有火箭之父那麼固執……」

「嗯～」

爸爸雙臂交叉思考著。小美帶著些許不安的神情，等爸爸開口說話。

「想當年爸爸還小的時候，因為不想被朋友排擠，所以也想過要當個『一般的男孩』。為了配合大家的話題聊天，明明沒什麼興趣，我卻還是去看大家都在看的電視節目，或是去聽大家都在聽的流行歌曲……」

小美默默的點點頭。爸爸又思考了一會兒，繼續往下說：

「我想，其實不只是爸爸，大家或多或少都有過類似的想法吧。畢竟每個人的個性或喜歡的東西都不一樣，所謂『一般的孩子』也許根本就不存在。每個孩子都有各自『奇怪』的地方，這沒有關係，而且我覺得，這樣的世界才更有趣啊。」

「米雅或愛蜜莉其實也還是喜歡太空嗎？」

「說不定喔。畢竟現在到了有些逞強好勝的年齡，就想要隱藏自己孩子氣的部分。爸爸也是，以前很喜歡太空、火車和恐龍，可是為了配合朋友的聊天內容，也是會刻意隱藏呢。」

「那這樣子有交到朋友嗎？」

「哈哈哈，沒有，還是沒交到呢。爸爸大概是滿怪的怪人吧，又或者是太固執啦。結果，勉強去配合別人的聊天內容，自己也覺得很無聊。」

「你不會覺得寂寞嗎？」

「寂寞啊。不過呢，小學時在班上雖然沒什麼親近的朋友，但去補習班上課後就交到朋友了。後來上了國中、高中，上大學和研究所，隨著逐漸長大成人，世界也變得更寬廣了，遇到各式各樣的人，也就慢慢找到可以深入談論夢想或太空的朋友啦。」

「我也找得到嗎？」

「嗯，絕對找得到，因為這個世界非常寬廣，和自己相像的人其實出乎意料的多。重要的是，不要忘記自己小時候的想像力喔。如果覺得寂寞，也可以配合朋友的聊天內容，打進他們圈子就好。但是，那把想像力的火苗，要好好收藏在心裡，守護它免受風吹雨打，別讓它熄滅囉。想想看，固執是小美最擅長的吧？小美一定可以去到TRAPPIST-1的。昨日的夢想將成為今日的希望，進而成為明日的現實。」

小美的臉上又恢復了以往的笑容。

「爸爸，你偶爾也會說出名言佳句嘛。」

「偶、偶爾……？我經常說出佳句好不好……」

「經常只會長篇大論吧。」

「但我沒像媽媽說那麼久吧。」

「這點我同意。」

爸爸苦笑著起身，走到廚房。小美啪啦啪啦的翻起茶几上那本紅色的書，看了起來。此時，玄關處傳來開門的喀恰喀恰聲。小美扔下書，馬上跑去大門前。

「啊，是媽媽，媽媽、媽媽、媽媽～～！！！！你聽我說，那個啊……」

JULES VERNE
DE LA TERRE
A LA LUNE
VOYAGES
EXTRAORDINAIRES

專欄
6

著名的科學家全都是「怪人」!?

伽利略・伽利萊
（Galileo Galilei，1564~1642）

十七世紀，在剛發明出望遠鏡的時候，伽利略心想，如果把這個東西對著宇宙，可以看見什麼？

結果如何呢？月球上也有山脈和峽谷，太陽上有黑點（太陽黑子），金星和月亮一樣有圓缺變化，而木星有著四顆衛星。這些全都是伽利略的發現。

於是，伽利略因此確信，地球並非位於「宇宙中心」這樣特殊的位置。先前人們普遍相信的天動說（認為太陽或其他行星繞著地球旋轉）是錯誤的，哥白尼提出的地動說（認為地球或其他行星繞著太陽旋轉）才是正確的。

不過，這樣的想法在當時完全違背既有的常識，還遭到部分科學家的批評。而且，由於聖經中描述「地球不動」，所以這種想法也遭受天主教教會的批判，最後他被教宗要求放棄地動說的想法。伽利略不只被視為怪人，甚至還被視為一個具有危險思想的人。

阿爾伯特·愛因斯坦
（Albert Einstein，1879~1955）

愛因斯坦，一個無人不知、無人不曉的天才。他的廣義相對論被認為是宇宙中的基本法則，少了這個理論，就無法解釋大霹靂學說（Big Bang）和黑洞的形成。

但是，聽說愛因斯坦小時候是個與「天才」有一大段距離的孩子。他到兩歲時都還無法記住詞彙，父母還擔心的帶著他求醫，即便如此，他後來還是不擅長說話；據說，他在對別人說話之前，會有喃喃自語、確認發音的習慣。家人都很擔心他是不是智能有問題，他還被同學笑說是「笨蛋」。此外，他因為個性叛逆而被逐出校門，老師還說：「這孩子成不了大器。」

愛因斯坦長大成人後，每當他有了重大發現時，腦袋思考時所浮現的不是文字，而是圖像。「首先是想法突然出現，然後我再尋找話語把它表現出來」，他自己是這麼說的。

為想要了解更多內容的讀者，推薦以下這本書。

《勇氣圖鑑：受挫、失敗都是成長的養分》大野正人 著／如何出版

艾薩克・牛頓
（Isaac Newton，1642~1727）

牛頓發現了萬有引力、發展出微積分與牛頓力學，是歷史上最著名的科學家、數學家之一。牛頓力學的厲害之處在於，小至砂粒，大至天體，所有萬物的運動，都能用這套定律來解釋。

這樣的牛頓，也是個很古怪的「怪人」。只要他一投入思考，其他事物就完全無法進入他的腦袋。

有一次，他一邊思考著某件事，一邊煮蛋，結果不小心把懷錶扔進鍋子裡煮（雞蛋就這樣一直拿在手上）。還有一次，他一邊思考，一邊拉著韁繩牽馬往前走，結果馬匹逃脫跑走了，他卻渾然不覺，手裡還是握著韁繩繼續往前走。聽說，他也很著迷於神祕的煉金術研究。

聽說諾貝爾化學獎得主——田中耕一*先生，之前也被公司裡的人稱為「怪人」。怪人與天才，真的只有一線之隔呢。
我當隻普通的熊就好了～

*田中耕一：1959年生，日本化學家與工程學家，原為上班族，且沒有博士學位，卻在2002年四十三歲時獲得諾貝爾化學獎。

吃個甜甜圈，中場休息

7 宇宙在哪裡？

洛杉磯難得淅瀝嘩啦的下著雨，這天爸爸開車去小學接小美放學時，小美已經站在校門口等了。小美一看到車子，就卯足全力衝過去，一上車後立刻滔滔不絕的說起來。

「喔～爸爸怎麼現在才來啊，我都被淋溼了！你聽我說，我今天整天都在想一件事。」

「哦，想什麼？有喜歡的人了？」

「喂，竟然問青春少女這種問題，不覺得有點失禮嗎？」

「抱、抱歉……那，你是在想什麼？」

「我問你喔，宇宙到底是在哪裡啊？」

「……嗯？什麼意思？」

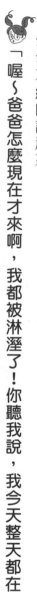

「我們家是在洛杉磯，對吧？」
「嗯。」
「洛杉磯是在加州，對吧？」
「嗯。」
「加州是在美國，對吧？」
「嗯。」
「美國是在地球上，對吧？」
「嗯。」
「地球是在太陽系裡，對吧？」
「嗯。」
「太陽系是在銀河系裡，對吧？」
「嗯。」
「銀河系是在本星系群裡，對吧？」
「喔嗯。」

「本星系群是在室女座超星系團裡，對吧？」

「喔、喔嗯。」

「室女座超星系團就在宇宙中，對吧？」

「嗯。」

「那，宇宙到底在哪裡呢？」

「唔……」

「喂，爸爸，你有在聽嗎？」

「我有在聽喔！我只是在思考，該怎麼回答小美這麼棒的問題。」

「我去問老師，老師也只回我說『這是個好問題呢，你去查看看資料吧』。所以我就去圖書館，把相關的書跟圖鑑從頭到尾翻了一遍，也上網找過了，但是都沒有寫到啊！這樣不是很奇怪嗎？好像在隱瞞些什麼一樣！是不是有什麼不想讓大家知道的真相？還是政府在管控資訊嗎？」

「沒這回事啦。好吧，這或許是科學還沒辦法回答的問題。」

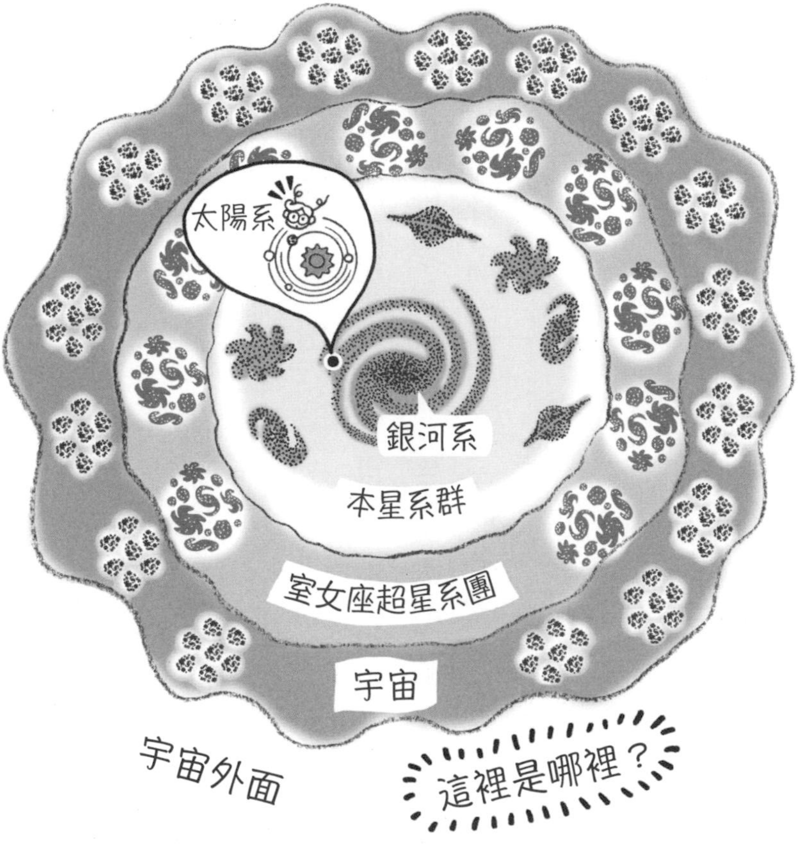
太陽系
銀河系
本星系群
室女座超星系團
宇宙
宇宙外面
這裡是哪裡？

「為什麼？即使望遠鏡的性能不斷提升，還是沒辦法看到宇宙外面嗎？」

「可是，如果可以看見什麼的話，那就會是在宇宙裡面了。」

「什麼意思？我不懂。」

「畢竟，所謂的『看見』，是因為光傳播過來被我們的眼睛接收到。光傳播的物理現象，是這個宇宙當中的物理法則所造成的結果……」

「嗯～所以說宇宙是無限延伸出去的囉？」

「關於宇宙大小是無限的還是有限的，目前也還不知道喔。」

「為什麼？如果是有限的，不就能看到宇宙的盡頭了嗎？」

「不，因為宇宙正在持續向外膨脹，現在許多星系已經離地球太遠了，而目前有理論認為，宇宙膨脹的速度比光速還要快，所以我們根本看不到宇宙的盡頭。」

「那如果是有限的話，宇宙的盡頭應該會有邊界吧？」

「不，那也不一定喔。」

「愈來愈搞不懂了！沒有邊界的話不就是無限的嗎？」

「那麼，你可以想想看地球。地球的表面並不是無限的吧？」

「嗯。」

「可是，你在地球上不管走路走多遠，或游泳游多遠，都不會撞到地球的盡頭吧？」

「嗯，會繞了一圈回來。」

「宇宙說不定也像這樣喔。」

「咦!?那意思是，太空船不管怎麼往前飛，都可能繞宇宙一圈後又回到地球囉？」

「說不定是這樣，也說不定不是。」

「真的愈來愈搞不懂了啦！」

「例如說，宇宙的形狀可能像一個高次元的甜甜圈喔。」

「甜甜圈!?」

甜甜圈型宇宙

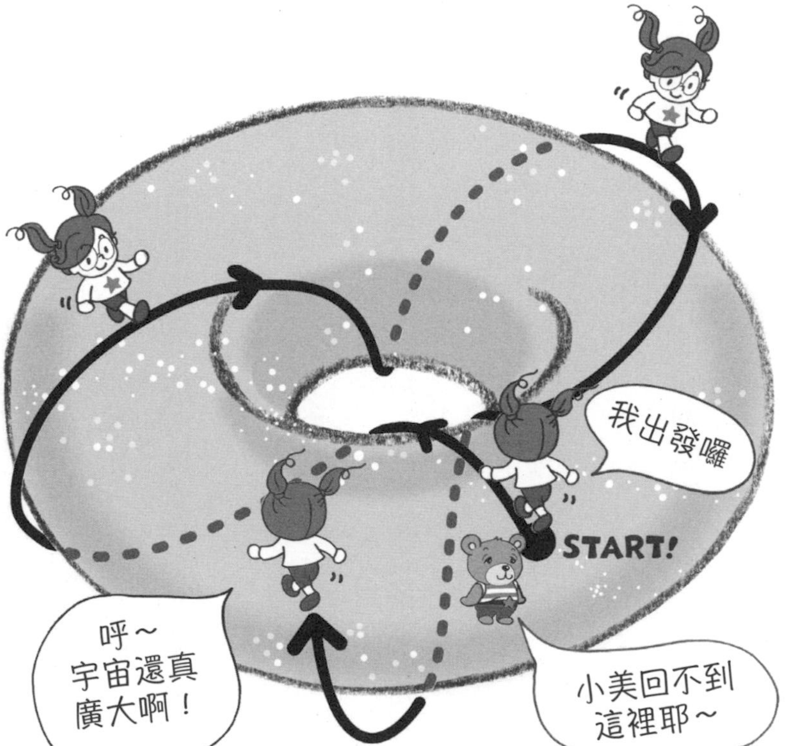

「對。要是小美站在甜甜圈上，就可以一直往前走下去吧？但是這跟球狀宇宙不同，你是以螺旋狀路線繞著甜甜圈走，但不一定能回到出發的地方。」

「好厲害！還可能是更奇怪的形狀？」

「或許是喔。但目前還沒有辦法觀看到整個宇宙，所以宇宙到底是什麼形狀，還是沒辦法確切知道。」

「我以後要做出太空船，出去確認看看！」

「哈哈哈，不過繞宇宙一圈再回來，距離可能有好幾百億光年喔。」

「這樣啊。」

「科學上仍是有無法解釋的事情喔。」

「像宇宙在哪裡這個問題，也是嗎？」

「嗯，這可能更像是哲學問題，而不是科學問題了。正因為不了解，所以任何想像都是有可能的。例如說……」

「宇宙全都是虛擬出來的，其實只是存在電腦裡面？」

「嗯嗯。」

「某人把整個宇宙放進魚缸裡觀察之類的？」

「說不定耶！」

「搞不好宇宙是巨大外星人做出來的甜甜圈，現在正準備吃掉呢！」

「那就糟糕了！」

「啊，我想到一個好主意！」

「什麼？」

「我們去科羅拉多大道新開的甜甜圈店吧！」

「好耶！但是不能跟媽媽說喔！」

看我一口
咬下宇宙

「其中的27%稱爲Dark matter，另外68%稱爲Dark energy，中文就稱爲暗物質跟暗能量。」
「暗……？我比較喜歡豆沙*耶～」
「暗物質是一種不明物質，據我所知，除了重力以外，不會和其他力量產生作用，所以可以像幽靈一樣穿過任何東西喔！」
「幽靈！？感覺有點恐怖耶～」
「說不定暗物質現在就在房間裡飛來飛去喔！不過，也因爲它什麼東西都能穿過去，看不到也摸不到，所以才搞不清楚它到底是什麼！」
「所以也不知道能不能吃囉？」
「嗯。不過就是因爲暗物質利用重力把物質都聚集起來，才讓宇宙裡面形成了銀河或星球，暗物質可說是宇宙裡的幕後主角呢！」
「好厲害！那暗～能量呢？可以吃嗎？」
「暗能量更是令人搞不懂到底是什麼，不過聽說它就是讓宇宙一直膨脹的原因！所以這東西也是幕後的主角！」
「那這個東西也在房間裡嗎？」
「嗯，如果現在的理論是正確的話，那麼空間裡到處都充滿著暗能量。所以不只是在這個房間裡，在慢悠熊或我的身體裡也都有喔！」
「那我也會隨著宇宙一起膨脹嗎？只要再等等，這個甜～甜圈也會變大嗎！？」
「很遺憾～慢悠熊或甜甜圈，都被電磁力這種更強大的力量維繫住，所以沒辦法像氣球一樣愈脹愈大喔！」
「嗯～那我還是現在就吃掉～」
「我也要吃！啊，慢悠熊，奶油甜甜圈被你吃掉了！！」
「先搶先贏啊～」

你大約等於多少能量？

根據愛因斯坦的理論，具有質量的一切物質，也都是一種能量。你大概等於多少能量呢？

質量（在地球的體重）	能量	等於燃燒以下汽油量所獲得的能量
0.1 kg (100 g)	約9000兆焦耳	約20萬噸
30 kg	約270京焦耳	約6000萬噸
40 kg	約360京焦耳	約8000萬噸
50 kg	約450京焦耳	約1億噸

*譯註：暗物質的日文寫為「暗黑物質」，而日文「暗黑」兩字的發音類似於豆沙，所以慢悠熊這麼說。

專欄 7

宇宙裡的幕後主角——暗物質與暗能量

「啊，有甜甜圈的香味耶～歡迎回來～」
「平常你都叫不醒的，對點心倒是很敏銳嘛！慢悠熊，我問你喔，你知道嗎？整個宇宙的形狀，可能就像一個甜甜圈喔！」
「甜～甜圈♪ 甜～甜圈♪」
「你有沒有在聽啊？」
「有在聽啊～宇宙是一個巨大的甜～甜圈～裡面放了什麼呢～？」
「好問題！我們對於宇宙裡的東西，可以說幾乎完全不了解喔！」
「嗯？宇宙裡不是有星球或銀河之類的東西嗎？」
「是沒錯啦，不過構成星球、銀河、我或慢悠熊身體的物質，只佔全宇宙能量的5%而已。」
「能量？我們不是在談論宇宙裡有什麼嗎？」
「你想想，愛因斯坦不是說過，質量跟能量是可以互換的東西。所以具有質量的物質，全部都是能量啊。」
「我也是能量嗎？」
「對！慢悠熊的體重大概是一百公克？再來，根據這本書的表格來看……」
「我可以吃甜甜圈嗎？」
「嗯。」
「甜～甜圈♪」
「有了！！你大概有九千兆焦耳的能量耶！！」
「我，九千兆！？」
「對！大概是燃燒二十萬噸汽油的能量！」
「欸，我才不是那麼激烈的熊呢……」
「假設慢悠熊完全消失，而且轉變成能量的話啦。」
「我才不要變成那樣呢。」
「還有啊，宇宙中所剩下95%的能量，到目前都還搞不清楚到底是什麼東西呢！」
「喔～所以是一個裡面不知道放了什麼的甜甜圈？」

第二部

天才火箭工程師
馮·布朗的榮耀與黑暗

8 史上第一枚抵達外太空的神祕火箭，V-2

夏日傍晚，爸爸結束工作回到家，客廳裡空無一人。

「我回來了！」

他高聲呼喊。從小美緊閉的房門那頭，則傳出滿不在乎的回應。

「回來囉。」

真冷淡啊，爸爸心想，最近只要未經同意開她房門就會被罵，還是先這樣吧。此時，爸爸不經意看到，一個用樂高做成的火箭，被特意放在餐桌正中央展示。哇，做得很好耶，爸爸滿心讚賞的說，然後輕輕的把火箭移到餐桌角落，以免弄壞它。接著啟動電腦，開始回覆電子郵件。

爸爸喀達喀達的敲打鍵盤工作了大約五分鐘後，耳邊傳來砰的一聲，房門被粗暴的打開，臉蛋漲得通紅的小美殺氣騰騰的走過來。

「爸爸，喂！爸爸啊啊啊!!」

「是、是、是～怎麼了？」

「欸，你什麼都沒注意到嗎？」

「呃……」

爸爸的腦袋開始全速運轉。

「呃什麼啦！還是這麼遲鈍！這個！就在你眼前呀！」

小美說著，並指向樂高火箭。

「啊，是V－2呢，你做得很棒喔！」

如果想被注意到，一開始就可以明說啊。爸爸心裡這麼想，但沒有再多說些什麼。

「對，正確答案，德國的V－2火箭！」

小美的表情開朗了起來，爸爸看得懂她做的東西，覺得很開心。爸爸則鬆了一口氣，最近跟她相處起來不太容易。

「不過，做V—2還真是冷門古樸呢。」

「才不冷門呢！它是一九四四年史上第一枚上太空的火箭[*1]！」

「小美還是老樣子，知道得真清楚！」

「為什麼大家通常都是說蘇聯[*2]的史普尼克是人類史上第一次進入太空飛行，而不是說V—2呢？」

「因為V—2是發射後立即從太空墜落，屬

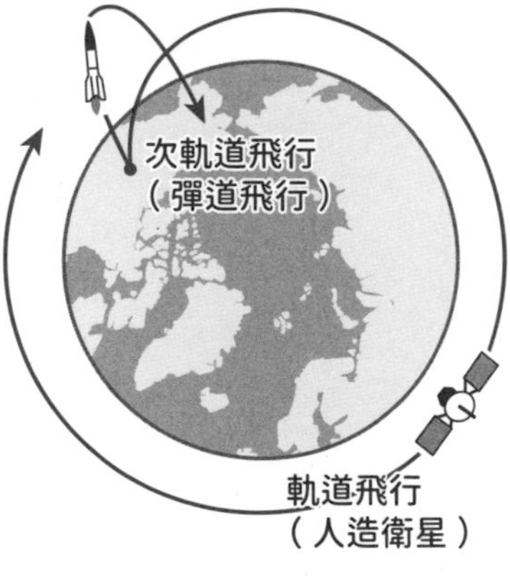

---

*1 原書註：原本地球大氣層與外太空之間，並沒有明確規定分界線。當不斷往上升高，空氣會逐漸變稀薄，最終便抵達外太空。目前，「外太空」的定義是從高度一百公里的「卡門線」開始。根據這個定義，首度抵達「外太空」的人造物體，就是德國的V—2火箭。只是「卡門線」這個定義，是在V—2飛行之後才出現的。

*2 原書註：蘇聯是蘇維埃社會主義共和國聯邦的簡稱。是存在於一九二二年至一九九一年的一個國家，後來分裂成俄羅斯、烏克蘭、白俄羅斯等十五個國家。

於『次軌道飛行』，而史普尼克則是做為人造衛星持續環繞地球，進行『軌道飛行』。」

「的確，次軌道飛行簡單得多了，但如果說到美國第一位太空人，大家也不是指第一個進行軌道飛行的約翰・葛倫，而是更早之前，進行了次軌道飛行的艾倫・雪帕德吧。所以，第一個上太空的明明就不是史普尼克，應該是V－2才對，但為什麼圖鑑中都只有提到一點點V－2而已？感覺好像刻意迴避似的。」

「嗯，有可能是這樣。」

「有什麼隱藏的祕密嗎!?」

小美的眼神發亮，看起來非常感興趣。

「不，也不是說有什麼祕密啦……」

「啊，我知道了，就是大人不想跟小孩子說的事情，老是說因為這些事有些『大人的因素』！」

「唔，或許吧……」

「快告訴我，我超有興趣的！」

「這說來話長耶，沒問題嗎？」

「我已經習慣爸爸的長篇大論了。」

「是相當黑暗的故事，你可以嗎？」

「會很恐怖嗎？」

「嗯……滿恐怖的。」

「是會跑出來幽靈的那種？」

「不是。」

「那就沒問題。」

「好。領導V－2研發工作的是馮．布朗……」

「我知道喔！是出生在德國但移民到美國的天才火箭工程師！他在阿波羅計畫中研發出『農神5號』火箭！那是一枚全長一一一公尺、重達二九七〇噸，是史上最大的載人登月的火箭，很厲害啊！用來發射美國第一顆人造衛星『探險者1號』和美國第一艘載人太空船『自由7號』的火箭，也都是馮・布朗研發出來的。」

「哈哈哈，真不愧是萬事通呢。那你知道馮・布朗原本是納粹分子嗎？」

「咦咦咦咦咦!?納粹就是希特勒的政黨吧？那個引發第二次世界大戰，屠殺數百萬猶太人的超級邪惡的納粹？」

「嗯……其實V－2是馮・布朗為了納粹所研發出來的飛彈。」

「飛彈!?所以不是為了上太空嗎？」

「嗯，馮・布朗自始至終都是純粹的對太空充滿憧憬。」

「那為什麼要幫助納粹呢!?」

「這個嘛……為了實現夢想，所以把靈魂賣給了惡魔，大概可以這麼說吧。」

「討厭……好恐怖……就像浮士德一樣……」

「真的耶。」

「但這是為什麼？為什麼要把靈魂賣給像希特勒那樣的人，才能上太空？」

「嗯……這是個很難回答的問題，解釋起來會變得非常複雜……」

「不要隱瞞，全部都跟我說！我不喜歡人家把我當小孩子！」

「好。但是你肚子不餓嗎？在漫長的故事開始之前，先把肚子填飽吧！」

專欄 8

太空火箭的始祖是彈道飛彈？

用於上太空的火箭與戰爭中使用的彈道飛彈，兩者幾乎是相同的東西。它們都具備用於高速飛行的火箭引擎、推進劑（燃料與氧化劑）儲存槽，還有正確飛向目標軌道或攻擊目標的導引系統（感測器與電腦）。差別只在於，前端搭載了什麼東西而已。

飛向太空的火箭，搭載的是太空船、人造衛星、太空探測器等，而飛彈則是搭載著炸彈。

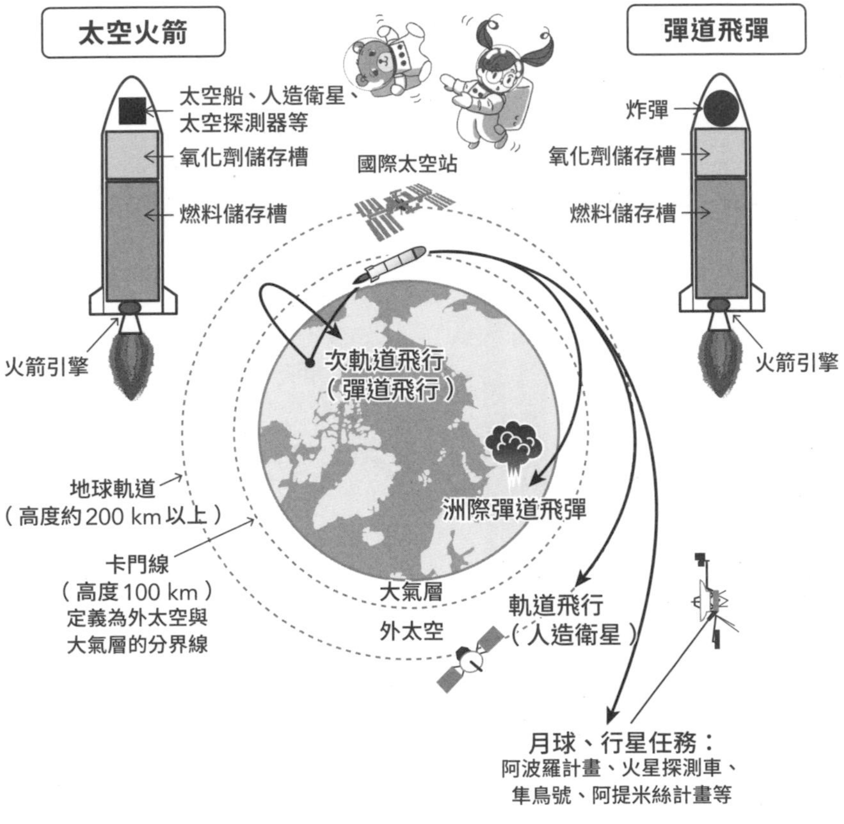

③成就

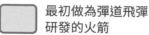

最初做為彈道飛彈研發的火箭

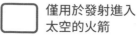

僅用於發射進入太空的火箭

三角洲(Delta)

①1960~1990年
②美國/麥克唐納・道格拉斯公司(McDonnell Douglas)
③是一個火箭大家族，發射次數與後續的三角洲2號合計超過三百次

圖源：NASA

N-I、N-II、H-I

①1975~1992年
②日本/宇宙開發事業團(NASDA)
③發射技術試驗衛星「菊花號」、地球同步衛星「向日葵號」

©JAXA

三角洲2號(Delta II)

①1989~2018年
②美國/ULA(聯合發射聯盟公司)
③發射包括火星探測車「精神號・機會號」、太空望遠鏡「克卜勒」

圖源：NASA

三角洲4號、三角洲4號重型火箭

①2002年~
②美國/ULA公司
③發射包括「獵戶座太空船」、「帕克太陽探測器」等

圖源：NASA

擎天神I、II

①1990~2004年
②美國/洛克希德・馬丁公司(Lockheed Martin)
③發射「太陽和太陽圈探測器SOHO」、「追蹤及數據中繼衛星TDRS」等

圖源：NASA

擎天神V

①2002年~
②美國/ULA公司
③發射火星探測車「好奇號」、冥王星探測器「新視野號」等

圖源：NASA

SpeceX研發出的獵鷹系列火箭，還有日本的H-II、H-IIA/B、H3等，都是這種火箭。

出現在上列「家譜圖」的飛彈全都是液體燃料式，缺點是發射前的準備很耗時間，無法迅速因應敵方的攻擊。因此，這些液體燃料飛彈已不再用於軍事目的。現代大多數的飛彈，都是能隨時發射的固體燃料式。

飛彈・火箭的家譜圖

①運用時間 ②研發國・研發機構

始祖

V-2

①1944~1945年
②德國陸軍
③史上第一枚抵達外太空的人造物體（參考第10章）

圖源：NASA

»

紅石（Redstone）

①1952~1964年
②美國陸軍
③發射美國第一顆人造衛星「探險者1號」的朱諾1號火箭，即屬於紅石系列火箭

美國首度載人次軌道飛行：水星計畫・「自由7號」太空船（參考第13、16章）

圖源：NASA

始祖

雷神（Thor）

①1957~1963年
②美國空軍
③美國史上第一枚可運用於戰鬥的彈道飛彈

圖源：US Air Force

»

雷神-三角洲（Thor-Delta）

①1960~1962年
②美國／NASA
③發射全球第一顆通訊衛星「回聲1號」（Echo 1）

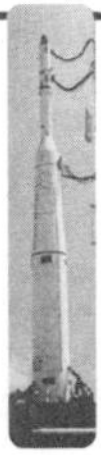

圖源：NASA

始祖

擎天神（Atlas）

①1957~1965年
②美國空軍
③美國史上首度載人地球軌道飛行：水星計畫・「友誼7號」太空船

圖源：NASA

»

擎天神-半人馬（Atlas-Centaur）

①1962~1983年
②美國／康維爾公司（Convair）
③發射探測器「水手號」(6-10號)、「測量員號」等

圖源：NASA

»

現代的太空火箭，很多追本溯源會發現，始祖就是彈道飛彈。例如，世界上發射次數最多的火箭——俄羅斯的「聯盟號」，就是由當初蘇聯為了攻擊美國所研發出的R-7飛彈改良製成的（參考P.167）。日本過去曾經使用的N-I、N-II、H-I火箭的第一段，始祖也是美國的雷神飛彈。

另外，也有很多火箭沒有飛彈始祖，而是一開始就是為了上太空所研發出來的。例如，阿波羅計畫使用的農神火箭、太空梭、美國民間公司

9 戰爭的陰影悄悄潛入太空夢

小美拿起樂高V-2，用複雜的表情凝視著它。爸爸從微波爐裡拿出事先做好的菜餚，擺到桌上。

「對了，媽媽今天出門是去哪裡啊？」

「爸爸還是老樣子，都沒在聽別人講話。媽媽說要去長灘市跟客戶吃晚餐。」

「那會晚回家了。」

「對了，馮·布朗的故事呢？」

「這個嘛，該從何說起呢……」

爸爸在小美對面坐下，用筷子挾起菜餚放到嘴裡，一邊往下說：

「華納・馮・布朗是一九一二年出生在德國。他正是在和小美差不多大的年紀時，對太空著迷。十三歲生日的時候，媽媽送給他一個小型望遠鏡當生日禮物，之後他就立刻迷上太空了。」

「我懂！每次用望遠鏡觀看天空時都好感動喔。月球上的隕石坑、每天都在改變位置的木星衛星，還有美麗的土星環！總想著，啊～如果可以去到那裡就好了。看到仙女座星系時也很感動耶！在那片朦朧的發亮星團中，包含幾千億顆以上的星球呢！超浪漫的啊，我覺得其中某個地方，一定有顆發展出文明的星球，上面也有個小孩，到了晚上，一邊用望遠鏡看著我們的銀河系，一邊沉浸在和我一樣的想像中吧。」

「喂——小美，筷子停下來囉，邊吃邊聊吧。」

「我想馮・布朗在大約一百年前，也是透過望遠鏡觀察天空，天馬行空的發揮想像力吧。」

「是啊。他國高中念的是寄宿學校，不過他好像整個心思都飄在太空中，上課時，還會在筆記本空白的地方畫一些太空船之類的……」

「或是列出太空旅行需要攜帶的物品清單……」

「那個，我也會！」

「那我也做過！」

「而且他還寫了一本一百七十九頁的天文學書籍喔。」

「那個我就沒做過了……除了太空以外，他還有其他喜歡的東西嗎？」

「哈哈哈，不清楚耶。聽說他小學時很喜歡做勞作，為了賺到材料費，還把阿姨送的鳥類圖鑑賣到二手書店去。」

「看來他對鳥沒興趣呢……」

「嗯，似乎就跟小美一樣，有興趣跟沒興趣的事物分得很清楚的人。」

「因為做沒興趣的事情就只有痛苦啊。」

「而且他似乎是個相當頑皮的壞孩子喔。據說他國中時做了火箭實驗，結

果引發森林火災；高中暑假時，他花光所有零用錢買來一堆沖天炮，綁在自製的玩具火箭車上，點燃之後在柏林街頭飆車，最後他就被警察帶走輔導。」

「這點就不像我了。」

「是嗎？之前是誰說要實驗『新型火箭引擎』，結果在可樂裡放曼陀珠，把房間搞得到處都是可樂*的啊？」

「才不是呢，只是稍微失敗才爆開的，

*原書註：將曼陀珠放入健怡可樂中，就會噴射出大量泡沫。為了避免像小美一樣把家裡搞得到處都是可樂，請跟大人一起做實驗喔。

如果那時沒有被媽媽拿起來的話，就能好好飛起來的！你覺得愛迪生在發明燈泡之前失敗了多少次？」

「這我懂，但拜託你別把我們家燒掉了，房屋貸款都還沒付完呢。」

「好～啦。對了，馮・布朗書讀得怎麼樣呢？」

「聽說不太好耶，尤其不擅長數學跟物理。」

「咦～那樣要怎麼做出火箭啊？」

「轉機就是那本書，小美之前說『沒什麼存在感的火箭之父』——奧伯特寫的《飛往星際空間的火箭*》。據說他無意間看到雜誌上的介紹而受到吸引，所以就買書回來看。可能他覺得，讀了那本書就可以知道製作太空火箭的方法了吧。」

「所以儒勒・凡爾納的太空旅行想像，透過《從地球到月球》傳給了奧伯特，然後再透過《飛往星際空間的火箭》，傳給了馮・布朗啊！」

「想像力就像接力棒一樣，從這一代傳給下一代，持續的傳承下去呢。不過，聽說當馮・布朗興奮的翻開那本書時，立刻就呆掉了。因為，書裡全都是難以理解、宛如天書般的數學算式。」

「我也不喜歡數學耶……」

「於是馮・布朗就帶著這本書去找老師。然後問老師『要怎樣才能看懂這本書呢？』。」

「老師怎麼說？」

「大概是說，請好好研讀數學跟物理。」

「喔……是這樣沒錯……我很喜歡宇宙、恐龍之類的，但只要一遇到數學就傷腦筋呢……」

「據說從那一天起，馮・布朗就像變了一個人似的，開始用功苦讀。然後

＊原書註：《飛往星際空間的火箭》請參考本書P.74。

在他上高中時，數學跟物理的成績已經非常好了，後來還跳級一年畢業呢。」

「咦～竟然還有這種事!?」

「為了喜歡的太空而努力，他大概就是這麼想的吧。小美要不要也努力看看啊？」

「嗯，先不用啦～馮・布朗是上國中才開始苦讀數學，最後成為天才火箭工程師的對吧。我現在還是小學生，所以時間上還綽綽有餘。」

「你還真是會說話啊。話說回來，你的功課做了沒？」

「對了，馮・布朗不只有製作火箭喔……」

「你功課做了嗎？」
「他還構想了像是太空站、太空飛機之類的點子……」
「功課做完沒有？」
「一九五〇年代時還在迪士尼的節目裡，提出太空船的想法……」
「喂，小美，要回答問題呀！」

左為華特・迪士尼（迪士尼的創辦人），右為馮・布朗。　©NASA

「沒、還沒啦……」
「要好好做功課喔。」
「囉嗦耶～聽完爸爸的長篇大論後就會去做啦。」
「爸爸說的這些故事很有趣吧？」
「那然後呢，馮・布朗高中畢業後怎麼樣了呢？」

「一九三〇年他為了進入有名的柏林工業大學就讀，所以回到了德國柏林，那時正好是柏林被稱為『黃金的二〇年代』的尾聲了。」

「黃金？」

「是啊。德國在一九一八年於第一次世界大戰中戰敗，在一九三九年則引發了第二次世界大戰，中間有一段短暫的和平與自由的時期呢。有許多藝術家、音樂家聚集在柏林，這裡還成為全球電影產業的中心，年輕人的打扮是最新流行的時尚，餐廳到了晚上還有歌唱、舞蹈和喜劇演出，大量的顧客湧入，氛圍就好像現在的洛杉磯吧。」

「那跟太空又有什麼關係呢？」

「我覺得想要讓夢想開花結果，是需要自由的。在遭受束縛與限制的環境裡，是沒辦法做出什麼發明或創造的。」

「爸爸，你很懂嘛！所以要是一直堅持叫我『去做功課！』的話，可能就會扼殺正在萌芽的天才喔。」

「哪有自己吹噓的啊……」

「那馮・布朗也在柏林自由的研究太空火箭了嗎？」

「只有短暫的一段時間。柏林還有其他像馮・布朗那樣，追逐著太空夢想的年輕人，他們組成一個叫做『ＶｆＲ*』的業餘火箭小組。他們租下原址是彈藥庫的廢棄場地，日以繼夜的以手工製造火箭。但是因為沒錢，雖說是火箭，但實際上做出來的東西就像玩具一樣小小的，根本上不了太空，他們反覆進行實驗，不斷歷經成功與失敗。後來馮・布朗也加入了他們的團隊。」

「爸爸之前的長篇大論裡提到的『火箭之父』戈達德，也是因為沒錢，所以沒辦法做出能夠上太空的火箭吧。結果，想從事太空方面的工作，遇到的障礙都是錢啊⋯⋯」

「做任何事情都是這樣的。構想點子不用花錢，但為了實現這個點子，像

---

*編註：ＶｆＲ是德文的縮寫，全名的意思是「太空旅行協會」。德國火箭之父奧伯特，也是ＶｆＲ的成員，早期他如同導師一樣的指導成員。

太空
才能
想法
溝通能力
資金
自由
想像力

是雇用人員幫忙、購買材料之類的，都需要花錢。所以並不是只要腦袋好，就能成為偉大的發明家呢。向政府或一些大富豪或投資者說明自己的想法，讓他們感興趣並出錢投資，也是很重要的呢。」

「我也是，為了實現我的想法，需要更多零用錢……」

「啊，就知道你一定會提到這個，不行。」

「哼。然後，那個缺錢的VfR火箭小組後來怎麼樣了呢？」

「他們很幸運的找到贊助者了，應該是說，快要找到了。」

「是誰？想去月球旅行的大富翁之類的人嗎？」

「不是喔。」

「那時候也還沒有NASA這樣的機構呢。」

「嗯。」

「那是誰呢？」

「是德國軍方喔。」

小美頓時流露出狐疑的神情。

「軍方？為什麼軍方會對太空有興趣呢？」

「當時德國為了下一場戰爭，早就在偷偷增強軍備了。德國在第一次世界大戰戰敗後，簽訂了《凡爾賽條約》，所以軍備受到嚴格的限制，但對於火箭……或者說是飛彈，卻完全沒有限制。當時，沒有人料想得到，火箭竟然可以運用在軍事方面。不論是美國還是蘇聯，全世界沒有任何國家擁有飛彈，也沒意識到它們成為軍事武器的可能性。德軍就是突破了這個盲點呢。」

「怎麼會有這麼令人哀傷的想法呢？……對於太空單純的夢想，竟然被用來殺人……」

「對啊……馮．布朗他們本來明明是因為想上太空，才投入研究的。」

「那德軍他們是怎麼獲得ＶｆＲ的火箭的呢？」

「在一九三二年春天，有一輛黑色汽車突然抵達ＶｆＲ基地。有三個穿著便服的男子從車上走下來，他們其實是德軍的技術軍官……」

小畫廊

這是一張由NASA藝術家所繪製出來的「旅行海報」，想像著還沒有任何人親眼見過的系外行星世界之旅。

在「克卜勒16b」行星的天空中有兩個太陽，因為它是在聯星（Binary star，彼此圍著共同質心互繞的兩顆恆星）周圍環繞的行星。只要能到這裡旅行，就能實際體驗到《星際大戰》的世界了！

圖源：NASA-JPL/Caltech

專欄 9

數學不好，也能成為科學家或工程師嗎？

「嘿，慢悠熊～我雖然很喜歡宇宙跟恐龍，可是對數學很頭痛耶。雖說馮・布朗是靠拚命苦讀克服的，說不定也是因爲他很有天賦所以才做得到……」

「嗯～這我也不太清楚，我請人過來一下。」

「等等，什麼意思？請人過來是……？」

慢悠熊慢吞吞的揮著手，小美房間的一角，頓時就像銀河一般閃耀，然後從裡面走出了一個人。

「小美，很高興認識你。」

「你是……太空人山崎直子！！慢悠熊，原來你有這種技能啊！！？？」

「你好像有煩惱？」

「我想成爲一名科學家，然後像直子小姐一樣上太空！可是數學……」

痛的數學吧？」

「一定沒問題的！我想你不論是當科學家或是太空人，都沒問題的！」

「我想要去TRAPPIST-1！我想要發現宇宙恐龍！」

「我也可以跟你一起去嗎？」

「咦，直子小姐也要一起去嗎？眞開心！約好了喔！」

「約好了喔！下一次，我們太空見。」

小檔案

山崎直子（太空人）

出生於1970年，畢業於東京大學工學部航空學系。修完東京大學航空航天工程學碩士學位學程後，自1996年起任職於NASDA（現爲JAXA，日本宇宙航空機構）。1999年2月，獲選爲停留於國際太空站的太空人候補人員。2008年11月11日，獲選爲「發現號」太空梭的機組人員（執行STS-131/19A國際太空站補給任務）。從2010年4月5日起，執行爲期十五天的太空飛行任務。

需要學習什麼樣程度的數學？

僅使用基礎數學的領域	• 太空人 • 觀測天文學 • 行星科學 • 天體生物學 • 醫學 • 獸醫學 • 生命科學 • 動物學 • 植物學 • 建築學 • 軟體工程學
須使用一定程度的複雜數學的領域	• 太空軌道力學 • 火箭推進 • 人工智慧 • 機器人學 • 電腦科學 • 機械工程學 • 電機電子工程學 • 化學工程學 • 材料科學
須使用極高階數學的領域	• 宇宙學 • 基本粒子物理學 • 理論天體物理學 • 流體力學 • 個體經濟學

「其實，即便歸類在『科學』，但是要用到多少數學，還是要看領域而定喔。例如，想要研究大霹靂學說或是黑洞，就需要使用愛因斯坦的廣義相對論，這就會用到非常困難的數學。」

「可是，有不太需要用到數學的領域嗎？」

「這個嘛，像是調查行星或太陽系形成的「行星科學」，或是調查地球以外的地方是否有生物存在的「天體生物學」就是。而太空人很少會用到像相對論那麼難的數學喔。」

「太好了！！！那就算數學不好，也可以成爲科學家或太空人囉！？」

「對啊。當然，不論是哪一個領域，或多或少都會用到一定程度的數學，就算是文科領域，也可能會用到像經濟學那種高階的數學。」

「登楞！這樣的話，果然不念數學還是不行的嗎？」

「雖然沒有必要到很擅長，但還是必須好好學習喔。」

「大打擊啊～」

「可是在學校裡學的數學，可能跟科學家或工程師所使用的數學有點不一樣。例如，小學課程會大量練習紙筆計算吧。」

「對，但我對這方面很頭痛……」

「別擔心，我以前也常計算錯誤。不過現代的科學家或工程師都是使用電腦，幾乎都不太會用紙筆來計算了。」

「所以，還是可以不用學數學囉？」

「不，也不是這樣喔。雖然計算方面可以靠電腦，但是該運用什麼樣的計算，才能解開問題，還是必須透過人類下指令給電腦才行。」

「是用程式語言下指令吧！」

「嗯！小美很了解呢。」

「我最喜歡電腦了！」

「這是很棒的一件事喔！太空探索不只需要數學，還需要各種領域的廣泛知識，電腦科學當然也是。人文社會學科方面的知識，或是溝通技巧、團隊合作、領導能力等，都非常的重要。」

「我也很擅長說話！」

「呵呵，對耶。而且小美已經有很多喜歡的事物了吧。」

「對！宇宙、恐龍，還有樂高！」

「這是非常重要的喔！雖然太空人的訓練很嚴格，但是因為我真的很喜歡太空，所以一點也不覺得痛苦。只要喜歡，就會莫名的湧現許多能量呢。」

「跟馮・布朗一樣！如果喜歡太空的話，我也能好好努力學習令人頭

10 悲傷的火箭

「然後呢？德軍把馮・布朗他們全都綁架了嗎？」

「是沒有強硬到那種地步啦。德軍首先提議要測試VfR的火箭，來確認是否可用，並且開出『成功就會出資』的條件。」

「那成功了嗎？」

「據說是一塌糊塗，軍方對VfR感到非常失望。」

「這樣一來，火箭技術沒有交給軍方，不是很好嗎？」

「不過，軍方卻發現了一件更重要的事情。」

「是什麼？」

「就是馮・布朗。他雖然只有二十歲，卻已經擁有超齡的淵博知識、優秀的領導能力和人格魅力。德軍就這樣看上了馮・布朗，所以他們放棄購買VfR的火箭，轉而決定買下馮・布朗。」

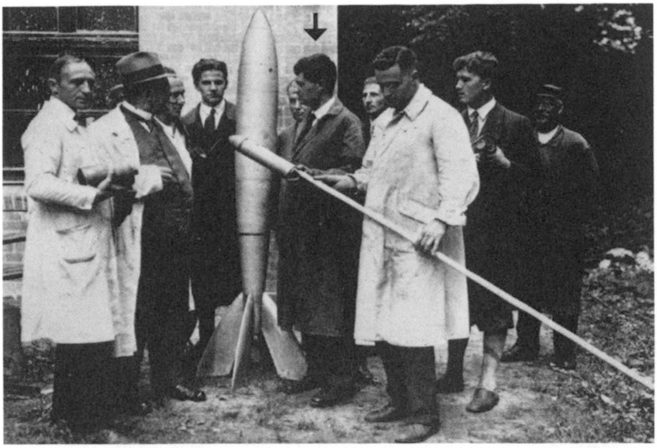

奧伯特（箭頭處）、十八歲的馮・布朗（右邊算起第二位），還有VfR的成員。 ©NASA

「這是什麼意思呢？」

「換句話說，就是軍方向馮・布朗提議，雇用他來研發火箭。當然，研究經費就是由軍方來出。」

「咦～那馮・布朗他決定怎麼樣呢？」

「他毫不猶豫，立刻就接受了提議。在那之後，一直到第二次世界大戰結束，他都待在德國陸軍研發火箭……也就是飛彈。」

「為什麼……馮・布朗本來一直是我的偶像耶……他的夢想不是上太空嗎？反而去製造會用在戰爭的飛彈，難道他都沒有任何遲疑嗎？」

小美簡直就像是在質問馮．布朗似的追問爸爸。

「他後來回憶起說道『要將像玩具般的液體燃料火箭，打造成真正能發射太空船的機器，需要龐大的資金，我對這點從來不曾抱有不切實際的幻想。而陸軍的資金，是令太空旅行朝向巨大進展的唯一希望』。」

「換句話說，就只能向錢看啊……總覺得好悲傷喔。明明是迷上了透過望遠鏡所看到的美麗世界，所以懷抱著太空夢，結果那個純粹的夢想卻被戰爭和金錢玷汙了……」

小美的眼中浮現出失望的神色。爸爸稍微思考了一會兒，又繼續往下說：

「說不定，是因為馮．布朗的夢想太過純粹了，他那時滿腦子想的一定只有太空而已。無論如何，他就是想製作火箭，為此不論是哪種手段都願意接受，就算是請惡魔幫忙也沒關係，要出賣自己的靈魂也無所謂。他會不會是這麼想的呢……」

「那時沒有別的選擇嗎？像是可以在大學做研究啊……發起募捐啊……」

「打算用這些方法來達成夢想的，正是『火箭之父』戈達德。但是他一生都為資金不足而煩惱，也沒能做出上太空的火箭。如果是現代的話，像亞馬遜的創辦人兼大富翁——傑夫．貝佐斯，就在太空探索上投注龐大的私人經費。但是在一九三〇年代的德國，擁有龐大資金來研發火箭的，大概就只有軍方了吧……時局很糟糕。你上歷史課的時候，有學過德國那段時間發生了什麼事嗎？」

「嗯。希特勒成為了獨裁者……然後引發了與波蘭、法國、英國對戰的第二次世界大戰。」

「對。希特勒是在馮．布朗受雇於陸軍的隔年，也就是一九三三年就任總理。當時的德國大概也開始慢慢失去了懷抱夢想的自由吧。」

「那馮．布朗的火箭……飛彈，後來完成了嗎？」

「嗯。德國陸軍耗費了十年研發，最後終於在一九四二年，完成了能上到太空的火箭。這枚火箭稱為『A－4』，全長十四公尺，重量十二．五噸，

V-2火箭。　　圖源：NASA

當時大概沒人看過這麼大的火箭吧。」

「A-4？不是應該叫V-2嗎？」

「嗯，V-2原本的名稱就是A-4喔。但後來納粹將它的名字改為Vergeltungswaffe-2，意思是『復仇武器2號』，簡稱為『V-2』。」

「我都不知道原來『V-2』的意思這麼悲傷。太空夢的結晶，竟然變成了復仇武器……」

「然後，V-2在一九四四年六月的實驗中，達到了海拔一百七十六公里的飛行高度。」

「現代把海拔高度一百公里處當做太空的分界線，所以V-2就變成史上第一個抵達外太空的人造物體了吧。『製作上太空的火箭』夢想，也算是達成了。」

「是啊。但是馮．布朗大概還是不滿足吧。V－2只能進行次軌道飛行，這樣的話沒辦法發射人造衛星，也沒辦法去月球或火星。想要成功發射人造衛星，就必須達到每秒七．九公里的『第一宇宙速度』，而V－2還差了一大截。但軍方卻覺得無所謂，因為他們的目的並不是發射人造衛星，而是攻擊其他國家……V－2做為飛彈使用時，具有能讓一噸炸彈擊中三百二十公里以外目標的能力。」

「唉，好可憐的火箭喔……我覺得V－2自己一定也不想裝載炸彈，而是希望能裝載更讓人開心的東西，在太空中遨遊吧……」

小美用手托著臉頰，一邊說，一邊把玩桌上的樂高V－2。

「是啊……V－2還有更悲慘的命運。在V－2完成後沒多久的一九四三年，那時德國明顯大勢已去。他們在北非戰役中敗給美國跟英國，東邊則有蘇聯捲土重來，所以德國無論如何都想扭轉局勢。就在那時，瘋狂的獨裁者希特勒盯上的就是……」

「V－2嗎？」

「對，他們將德國的命運賭在這個新武器上。希特勒對V－2投注了更多資金，並下令每個月要製造出一千八百枚V－2。也就是在這時候，他把火箭改名為『V－2』。」

「每個月一千八百枚這麼多……全都準備要用在戰爭上嗎？」

小美一臉悲傷的問道。爸爸沉默的點點頭，然後有些猶豫的繼續往下說：

「終於……那一天到了。一九四四年九月八日，V－2第一次被運用在戰場上。一枚V－2的前端裝載著一噸的炸彈，起飛了，它只花了短短數分鐘在太空飛行，接著飛越海洋，然後瞄準了英國倫敦市。V－2最後撞擊在道路上，裝載的炸彈爆炸，造成附近三個人喪生。據說其中包括一位三歲的小女孩。」

「討厭啦啊啊啊啊啊。」

小美雙手摀住耳朵，哭了起來。

「好可憐，真的好可憐。那個小女生如果還活著，應該也會跟我一樣懷有

夢想吧。自己的夢想扼殺了別人的夢想，這種事情是可以接受的嗎？馮・布朗會不會難過呢？他其實心裡也在哭泣吧？還是因為被納粹監視，所以不能說出真心話呢？」

爸爸一邊用手拍拍小美的背安慰她，一邊繼續往下說：

「或許吧。但我們沒辦法知道他內心真正的想法。不過，據說他曾偷偷跟同伴這麼說過『火箭完成而且成功發射了……只是它降落在錯誤的星球上……』。」

爸爸的話就說到這裡。小美則一邊流淚，一邊像是在跟樂高V-2傾訴一樣的繼續說著：

「是啊，V—2其實也很想去月球或火星吧。它的誕生並不是為了殺戮，而是為了人類的進步吧。我真的很傷心，以前，每次聽到戰爭的事情就很難過，但是今天更難過。戰爭不只會害很多人死亡、痛苦和悲傷，就連純粹美麗的夢想，都會因為戰爭，而變成殺人的工具啊……」

爸爸低頭不語，似乎是在思考些什麼。過了一會兒，他抬起頭輕聲說：

「……不過，真正被利用的，到底是哪一方呢？」

「……咦？」

「馮・布朗的夢想被希特勒利用了，這的確是一種看法。但或許也可以說，夢想利用了戰爭，不是嗎？」

小美停止了哭泣，用膽怯的眼神望著爸爸。

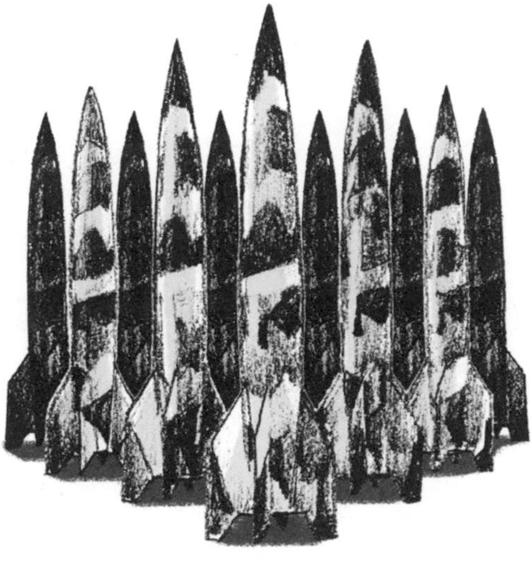

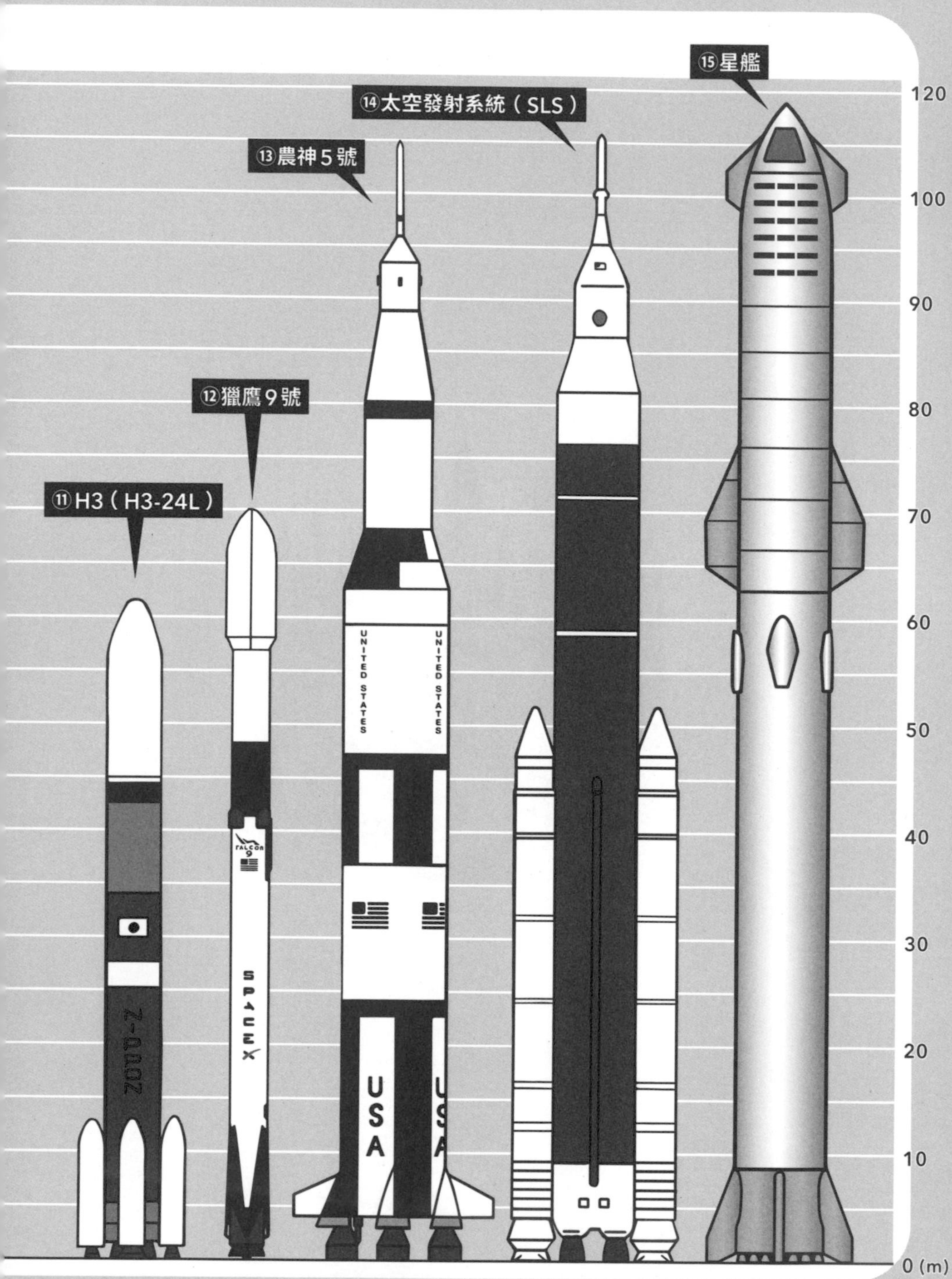
⑪H3（H3-24L）
⑫獵鷹 9 號
⑬農神 5 號
⑭太空發射系統（SLS）
⑮星艦
120
100
90
80
70
60
50
40
30
20
10
0 (m)

專欄 10

太空火箭大集合！

過去、現在，和正在研發中的火箭身高比一比！
你想搭乘哪一枚火箭呢？

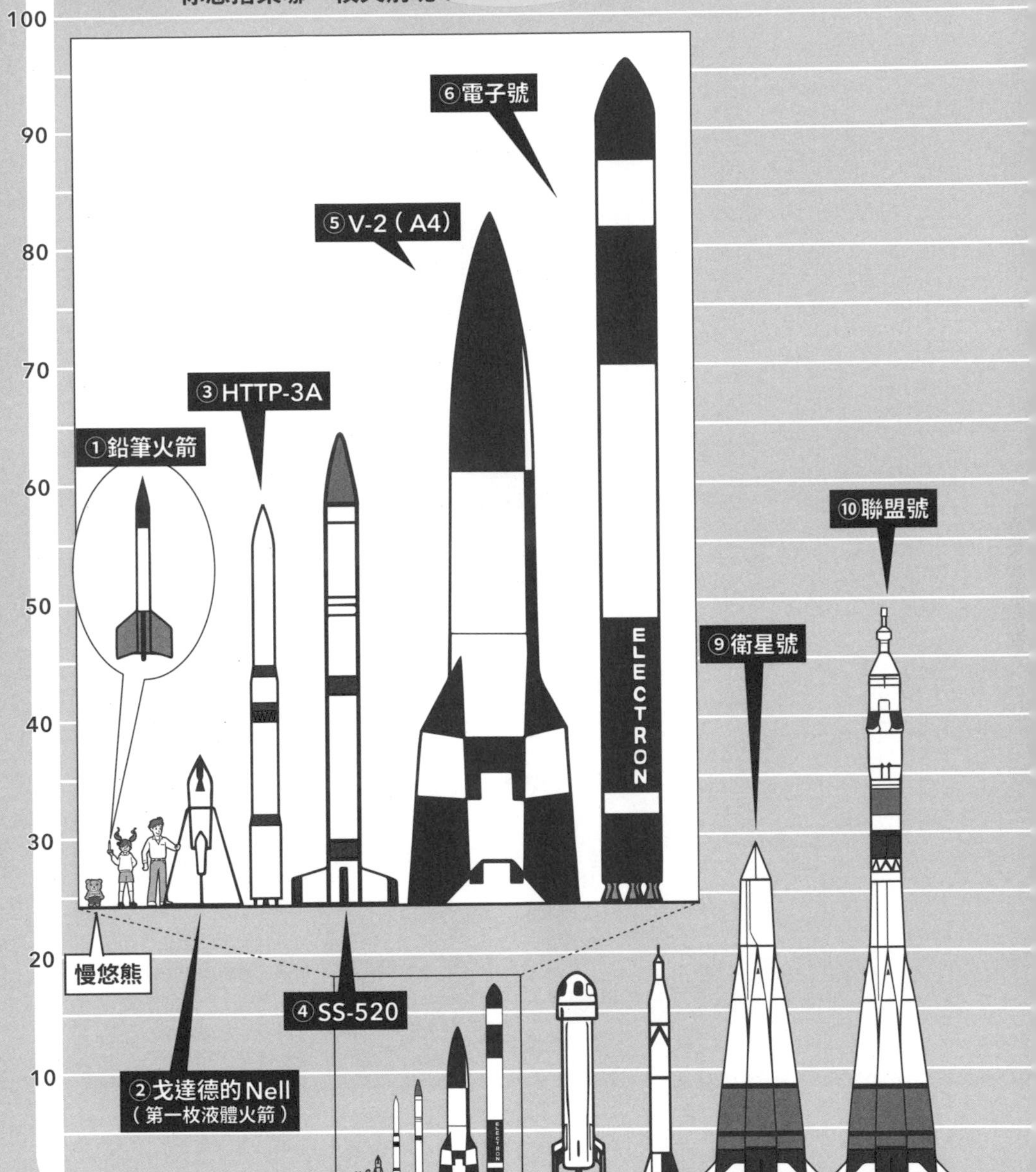

全長	重量	發射至低軌道的運載能力	註解
23公分	202公克	次軌道飛行	日本第一枚以太空探索為目標的火箭 抵達高度600公尺，飛行距離700公尺／參考專欄15
3公尺	4.6公斤	次軌道飛行	全球第一枚液體燃料火箭 抵達高度12公尺，飛行距離56公尺／參考第5章
9公尺	小於800公斤	次軌道飛行（研發測試中）	臺灣第一枚類衛星載具火箭
9.5公尺	2.6噸	3公斤	全球最小的運載火箭（截至2024年5月為止）
14公尺	12.5噸	次軌道飛行	全球首度進入太空、全球首枚彈道飛彈／參考第10章
17公尺	12.5噸	300公斤	全球第一枚以電動幫浦循環抵達地球軌道的火箭
18公尺	75噸	次軌道飛行	2021年7月完成次軌道觀光飛行首航
21.3公尺	29噸	11公斤	發射美國第一顆人造衛星。第一節使用「紅石」火箭／參考第13、15章
29.3公尺	267噸	500公斤	發射全球第一顆人造衛星。起源自全球第一枚洲際彈道飛彈R-7／參考第12、14章
49.3公尺	312噸（聯盟號2.1b）	8.2噸（聯盟號2.1b）	全球發射次數最多的火箭系列（從R-7算起，截至2024年5月為止已超過1900次）
63公尺	574噸（H3-24L）	6.5噸（研發測試中）	日本新世代主力火箭
70公尺	549噸（Falcon 9FT Block）	22.8噸	全球第一枚藉由垂直著陸，達成部分重複利用的軌道級運載火箭／參考專欄12
111公尺	2970噸	118噸	史上首度載人執行月球探索——阿波羅計畫、發射美國首座太空站「太空實驗室」（Skylab）
111公尺	2497噸以上	130噸（SLS Block 2）	載人執行月球、火星探索的新世代超大型火箭
約120公尺	約5000噸	100噸以上	載人執行月球、火星探索，或發射人造衛星等多用途的新世代超大型火箭

各種火箭的詳細資訊

火箭名稱	研發國家	研發單位・研發者	首度飛行
1 鉛筆火箭	日本	東京大學生產技術研究所 糸川英夫	1955年
2 戈達德的Nell （第一枚液體火箭）	美國	羅伯特・戈達德	1926年
3 HTTP-3A*	臺灣	ARRC	2022年 （第二節導控技術）
4 SS-520	日本	JAXA-宇宙科學研究所（ISAS）	2018年
5 V-2（A4）	德國	德國陸軍 華納・馮・布朗	1942年
6 電子號	紐西蘭、美國	火箭實驗室公司	2017年
7 新雪帕德號	美國	藍色起源公司	2015年
8 朱諾1號	美國	美國陸軍彈道飛彈局、噴射推進實驗室	1958年
9 衛星號	蘇聯	科羅廖夫第一試驗設計局(OKB-1)，今名為科羅廖夫能源火箭航天集團 謝爾蓋・科羅廖夫	1957年
10 聯盟號	蘇聯、俄羅斯	科羅廖夫第一試驗設計局（OKB-1），今名為科羅廖夫能源火箭航天集團	1966年
11 H3*	日本	JAXA、三菱重工業	2024年
12 獵鷹9號	美國	Space X	2010年
13 農神5號	美國	NASA	1967年
14 太空發射系統（SLS）*	美國	NASA	2022年
15 星艦／超級重型運載火箭*	美國	Space X	2020年 （次軌道飛行測試）

＊紅色粗體字代表現今服役中的火箭

＊HTTP-3A、H3、太空發射系統、星艦／超級重型運載火箭，屬於研發中的火箭（截至2024年5月為止）

11 投奔自由——馮・布朗遠渡美國

「夢想利用了戰爭……？應該是希特勒為了打贏戰爭，利用了馮・布朗的夢想吧？」

「嗯。換個角度來看，馮・布朗也是為了實現夢想，所以利用了納粹的資金。換句話說，也可以說是夢想利用了戰爭。同一件事情，往往會有不同面向的觀點呢。」

「意思是，彼此彼此……囉？」

「不過，最終是誰實現了目標呢？德國戰敗了，希特勒滅亡。另一方面，馮・布朗則逃往美國，根據V-2的技術製造太空火箭，把人類送上了月球。夢想打敗了戰爭，或許也可以這麼說吧？」

「原來如此……但只要一想到，人類夢想的太空旅行，是以這麼多無辜人們的犧牲為代價，總覺得心情有點複雜……」

「對啊。但是少了這段歷史，人類別說是月球了，可能連近地軌道都還到不了呢。我想，相關發展至少會延遲個幾十年。真是個難題啊。」

「馮．布朗是怎麼逃到美國的呢？」

「據說是這樣的。馮．布朗很愛喝酒，在一九四四年三月的某個晚上，他喝醉了，然後天真的與同伴聊起對於太空的夢想。」

「一直隱藏在心裡的真心話，不小心說溜嘴了嗎？」

「然後好像就有人跑去跟祕密警察，也就是蓋世太保告密。」

「我知道，電影中出現過的『連惡魔都害怕的蓋世太保』……」

「所以馮．布朗就突然被逮捕了，還被冠上『為了製造太空船，故意延遲飛彈研發』的罪名，這甚至可能會判死刑。」

「太過分了！只是聊聊夢想而已就要被判死刑……那他後來是怎麼得救的呢？」

「是希特勒幫助他的。」

「……咦？」

「希特勒下令釋放馮．布朗，因為如果想打贏這場戰爭，馮．布朗是不可或缺的人物。」

「希特勒打算繼續利用馮．布朗吧……」

「嗯，不過這件事也讓馮．布朗學到了教訓。為了達成夢想，金錢是必要的，這一點並沒錯。但是，光有金錢也是無法達成夢想的。」

「對嘛！不能沒有自由啊！一定要在一個不用害怕，能夠自由作夢、自由談論夢想、自由追求夢想的地方才行！」

「我也覺得是這樣呢。馮．布朗跟納粹打交道長達十年以上，大概後來深刻感受到自由的可貴了吧。一九四五年的某天，馮．布朗只召集了幾個可以信任的部屬，開了祕密會議，然後他好像是這麼說的：

『德國可能會戰敗。但有件事情不能忘，我們是全世界第一批擁有到達外太空的科技的人。我們從不放棄，持續相信太空旅行的夢想。不論是哪一個佔領國，都會想要獲得我們的知識技術。問題只在於，我們要將遺產託付給哪個國家』。」

「馮．布朗和他的同伴們，都沒有放棄夢想呢！那他說的『遺產』是什麼意思？」

「就是指V－2的技術。馮．布朗他們不僅僅是要自己逃跑，還想帶著V－2的技術一起逃，而且想要在逃去的地方繼續研發火箭，實現太空夢。」

「他們是打算逃到哪裡去呢？」

「那時他們有四個選擇。戰敗後會佔領德國的蘇聯、英國、法國和美國。」

「最終選擇了美國，是因為自由嗎？」

「另外也是因為美國有資金。馮．布朗他們後來便開始祕密籌備，將重達十四噸的V－2設計圖藏在礦坑裡，還用炸彈堵住了入口。」

「哇喔。」

「然後一九四五年的四月三十日，希特勒在柏林的地下碉堡自殺，德國戰敗了。」

「終於能脫離納粹，重獲自由了！」

「不過，事情並沒有那麼簡單。馮．布朗他們當時在阿爾卑斯山脈滑雪場的一家飯店裡避難，但法軍沒多久就要軍臨城下了。要是待在原地持續等下去，就會全部被法軍捕獲。」

「這樣一來，計畫就會被打亂了。」

「另一方面，有消息傳出美軍就在南方。所以馮．布朗的弟弟馬格努斯為了接觸美軍，就獨自騎著腳踏車，沿著山路到南方去。這段期間，馮．布朗他們就在飯店裡等待。」

「他們應該坐立難安吧。」

「大概是吧。幾個小時後，馬格努斯終於回來了，還帶著美軍的通行許可證！」

「太好了！」

「於是，馮．布朗他們後來就向美軍投降。據說美軍還端出了炒蛋、白麵包和咖啡款待他們呢。」

「真是親切耶。對美軍來說，馮．布朗他們明明就是敵人啊。」

「事實上，美國也一直在尋找馮．布朗。因為飛彈這種新武器的技術，美國也非常渴望能得到。」

「是喔……果然還是很哀傷。不管是哪一個國家，都不把火箭用在太空上，而是想拿來當做戰爭的工具。」

「馮．布朗也很堅持不懈吧。他當時可能認為，這個時代沒有國家會在太空夢想上耗費鉅資，但就算是武器也好，只要能持續投入火箭研發，總有一天會有機會的。」

「話是沒錯啦，但總覺得內心不痛快耶……」

「當時還有個令人不痛快的問題。馮．布朗本來打算帶著整個研發小組一起去美國，但美軍卻表示只能帶走一百四十二個人。研發小組的成員就跟家人一樣，從中做選擇，想必非常艱難吧。」

「那被留下來的人，後來怎麼樣了呢？」

「他們被帶去蘇聯了，蘇聯也很想要V－2的技術。包括馮．布朗在內的一百四十二名工程師，帶著藏在礦坑裡的設計圖一起逃到美國後，蘇聯軍方接著就帶走了留下來的工程師，把剩餘的文件資料、零件等搜刮一空，全都帶回了蘇聯。」

投降美軍不久後的馮．布朗。由於車禍骨折，手臂打著石膏。　©NASA

「但是，少了馮．布朗這個天才，不就沒有意義了嗎？」

「在蘇聯也有啊，有一位跟馮．布朗一樣傑出的天才。」

「啊，該不會是『科』開頭、『夫』結尾的那個人吧？」

「對！我們先收拾一下碗盤，

等等再繼續往下說吧！」

爸爸站起身來，把碗盤拿到洗碗槽去。

科○○夫

專欄 11

愛因斯坦的相對論與原子彈

愛因斯坦是出生在德國的猶太人。在敵視猶太人的希特勒政權出現之後，他被大學開除，為了逃離被迫害的命運，後來他流亡到美國。
愛因斯坦最偉大的成就，可說是提出了相對論。根據這個理論，如果物體以極高的速度運動時，會產生各種奇怪的現象。

★★★

在這邊請想像一下，慢悠熊正懸浮在一個無重力的太空站裡，然後小美的太空船以每秒26萬公里的高速度（光速的86.6%），從旁邊飛過。

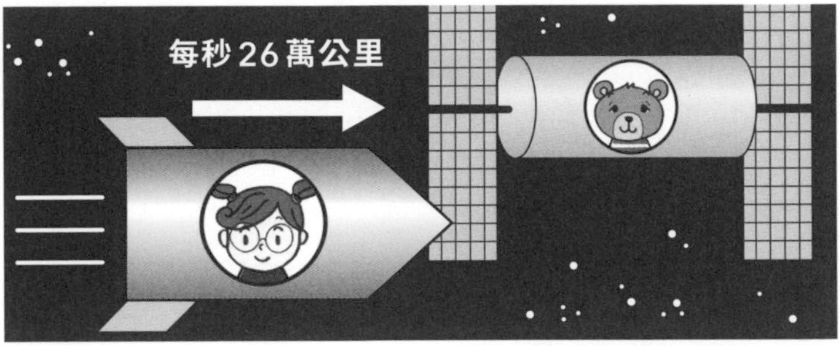

太空船飛過的瞬間，慢悠熊從窗戶看向小美的太空船，這時船身的長度竟然縮小了一半！而且小美的時間也流逝得比較緩慢。當慢悠熊的時鐘過了1秒鐘，小美的時鐘只前進了0.5秒。

但是換成小美自己的角度看來，卻看不出有什麼變化。太空船的長度沒有改變，時間也正常的流逝。

另一方面，小美看向窗外時，慢悠熊所在的太空站，長度竟然也縮小了一半！而且慢悠熊的時間也以一半的速度緩慢流逝！

所以，到底哪一邊才是正確的呢？

從慢悠熊自身的角度看來，自己很快就要被吸進黑洞裡了！而身在遠處的小美，時間會流逝得愈來愈快，轉眼間就長大成人了！

那麼，從遠方小美的角度看來，又是如何呢？

慢悠熊愈接近黑洞時，重力愈來愈強，時間的流逝也愈來愈慢。而在慢悠熊被黑洞吸進去的瞬間，時間就慢到完全停止，慢悠熊呈現永遠都不會被吸進去的狀態！

相對論與原子彈

我們在第99頁曾說明過，慢悠熊本身相當於九千兆焦耳的能量。任何具有質量的物體，都能轉換為能量，這是根據愛因斯坦的相對論，所推導出來的結果。

而這個發現潛藏著一個極為恐怖的可能性。鈾的原子核分裂成兩半時，兩個原子核的總質量，會比原本的原子核稍微輕一點，那麼，消失的質量跑到哪裡去了呢？其實，消失的質量變成極大的能量釋放出來了。將這種機制運用在武器上，就是原子彈。

第二次世界大戰末期，日本的廣島與長崎被投下原子彈，劇烈轟炸奪走了數十萬條生命。身為和平主義者的愛因斯坦，為此應該感到非常心痛吧。1955年，他在去世前幾天，簽署了「羅素——愛因斯坦宣言」，藉由這份措辭強力的宣言，呼籲世界廢除核武與放棄戰爭。

其中有一段話是這麼寫的：

> 我們若能選擇眼前正確的道路，
> 就能擁有無窮的幸福、知識與智慧的進步。即使如此，我們
> 還是無法忘卻戰爭，寧願選擇死亡嗎？
> 身為人類的一員，我們要向全體人類提出這樣的訴求：
> 請不要忘卻人性，其他一切忘記無妨。
> 我們如果能做到這一點，就能開拓出一條通往新樂園的道路。
> 如果做不到，人類就會面臨全體滅亡的危機。

為想要了解更多內容的讀者，推薦以下兩本書。

《天才博士的有趣相對論探險 I》手塚治虫、大塚明郎 監修／世茂出版

《天才博士的有趣相對論探險 II》石森章太郎、大塚明郎 監修／世茂出版

時間的流逝會因觀察者不同而改變!?

從慢悠熊的角度看來……　　**從小美的角度看來……**

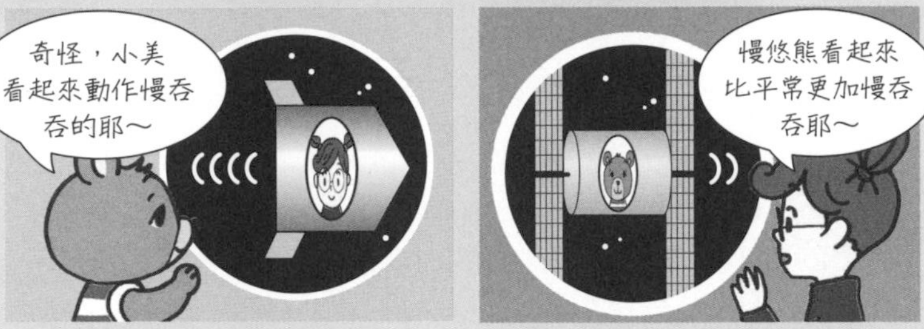
奇怪，小美
看起來動作慢吞
吞的耶～
慢悠熊看起來
比平常更加慢吞
吞耶～

小美的太空船時間緩慢前進　　慢悠熊的太空站時間緩慢前進

根據愛因斯坦的理論，兩邊都是事實。時間或空間的扭曲程度，會因為觀察者的不同而改變，這就是所謂的「相對」，所以稱為「相對論」。

以下再介紹相對論另一個有趣的現象。

重力愈強的地方，時間會流逝得愈緩慢。要說太空中重力最強的地方，應該就是黑洞了。

請想像一下，小美正從遠處觀察慢悠熊被吸進黑洞的樣子。

被吸進黑洞的慢悠熊

從慢悠熊的角度看來……　　**從遠方小美的角度看來……**

哇啊啊～一直被
吸進去啦～～～
奇怪……慢悠熊
好像時間靜止了
沒有繼續
被吸進去了耶
停住～

慢悠熊的身體就像義大利麵一樣，在重力作用下被拉長

12 蘇聯的天才火箭工程師——科羅廖夫

爸爸拿著一罐啤酒，小美拿著一杯優格，兩人走到外面的陽臺，夕陽正緩緩的西下。在僅僅數小時以前，那令人感到刺眼的陽光，彷彿不曾存在過一樣，此刻是個涼爽的南加州夏夜。兩人坐在陽臺的躺椅上，開始聊天。

「該來談談『科』開頭、『夫』結尾的科羅廖夫啦！」

「喔～爸爸你不要講嘛，明明是我想先說的!!」

「……抱歉啊。那麼小美，你知道科

羅廖夫是個什麼樣的人嗎？」

「我當然知道！是蘇聯的天才火箭工程師！全世界第一顆人造衛星史普尼克，還有全世界第一位太空人——加加林，都是用科羅廖夫研發的火箭上太空的喔。」

「真不愧是小美！」

「美蘇太空競賽終於要開始了！美國的馮・布朗與蘇聯的科羅廖夫，命中注定的宿敵要對決了！」

「是的。」

「起初都是馮・布朗一直輸。不論是發射人造衛星，或是成功載人進入外太空飛行，都是科羅廖夫率先成功。但是，阿波羅11號最先達成全世界第一次的登月任務，所以美國跟馮・布朗最後終於贏了！」

「喂喂喂，這都被你講完了啊。」

「但是為什麼馮・布朗一開始都一直輸呢？畢竟做出V－2的是馮・布朗

耶，而且他逃到美國的時候，也把V－2的技術全都帶去了吧？」

「嗯，這是個好問題。事實上，是美國首先計畫要發射全球第一顆人造衛星的喔。」

「那後來怎麼沒有先發射呢？」

「姑且可以說是，各種『大人的因素』，導致美國不斷錯失良機的結果吧。」

「喔～那種『大人的因素』，大概都不是什麼好事吧。」

「當然了，科羅廖夫擁有才能及遠見，也是原因之一喔。」

「我也很尊敬科羅廖夫！但我還不太了解，他到底是怎樣的人耶。」

「對啊，蘇聯極度的保守祕密。就連馮．布朗也是過了好幾年，才知道有科羅廖夫的存在呢。科羅廖夫比馮．布朗大五歲，雖然長著一張娃娃臉，但他的下巴卻像被拳擊手打過一樣歪歪的，牙齒也幾乎都是假牙，這個後面再來談談，因為他曾有過一段悲慘艱辛的過往。他頂著一頭蓬亂的頭髮，手指總是被香菸的油漬弄得髒兮兮的，但據說他很有異性緣喔。」

「聽起來好像爸爸喔。不好好整理頭髮跟衣服，襪子也老是有破洞，還會大刺刺的放屁。虧你最後還能跟媽媽結婚耶～」

「小美以前不是還說過，想跟爸爸結婚的啊。」

「那是我四歲左右的事吧。是是，我很抱歉～我們言歸正傳吧。」

「好吧……據說科羅廖夫童年時很孤單。父母在他三歲時離婚，所以他跟爸爸分開了，而他媽媽又去了一所很遠的大學讀書，所以他幾乎大部分時間都在祖父母家裡度過。因為家裡深怕已離婚的爸爸跑來把科羅廖夫搶走，所以大門總是鎖著的，小男孩科羅廖夫沒辦法出門、沒辦法交朋友，整天只能眺望窗外，自己做娃娃屋來玩。據說他是個時常哭泣的孩子。」

「**好可憐喔……齊奧爾科夫斯基小時候也是這樣，火箭工程師當中有好多孤獨的人喔……**」

「科羅廖夫六歲那年的夏天，他居住的鄉村小鎮舉辦了航空展。科羅廖夫和小鎮上的人，之前都沒有看過飛機。他被爺爺扛在肩膀上，看著小飛機在廣大的天空中自由飛翔。」

「**在那個時候，對於從未見過的世界的想像，一定就在科羅廖夫的幼小心靈裡擴展了吧。**」

「據說那天晚上，他就跟媽媽要了兩張床單。他好像是要綁在手腕跟腳踝上，然後從煙囪上跳下去，想要飛起來。」

「**科羅廖夫也是有點奇怪的孩子呢。**」

「從那天起，小男孩科羅廖夫就完全迷上飛機了。」

「所以科羅廖夫起初並不是被太空吸引的啊？」

「嗯。他好像是到很久之後，才對太空有興趣的。科羅廖夫大學時學的是飛機設計，由著名的蘇聯飛機設計者──圖波列夫指導。他在二十三歲那年取得飛行執照，開始自己駕駛飛機。當他駕駛著飛機愈飛愈高，直到極限高度的過程中，他那豐富的想像力，在心底深處呢喃著『再上去會有什麼呢？』。」

「啊啊，我懂！之前去東京時，我在飛機上面看到日出的時候也是……」

小美看著天空說。她大概是進入幻想模式了吧，爸爸在心裡笑了笑。夕陽倒映在小美的黑色瞳孔裡。

「天空被染成一片紫色，就像紫水晶一樣，遠處還看得到星星……很不可思議！那些星星完全不會閃爍，看起來很有自信的散發光芒。我那時候感覺自己好像可以一路飛到太空去一樣……科羅廖夫一定也是看到這樣的景色了。」

「也許是呢。」

「然後科羅廖夫就成為一位太空火箭工程師了嗎？」

「不。科羅廖夫的狀況也跟馮．布朗類似。在一九三〇年代當時，不只德國，全世界都再次走向了戰爭。而他被賦予的工作，當然也不是上太空，而是研發出攻擊其他國家的火箭……也就是研發飛彈。」

小美哀傷的搖搖頭。

「唉，不管哪個國家都一樣。為什麼會想把人類純粹的夢想，用於自相殘殺呢？」

「說不定，科羅廖夫與馮．布朗，擁有同樣的想法呢。試圖利用這樣的機會，提升火箭技術。覺得只要等待，總有一天時機會成熟……」

「換句話說，科羅廖夫也利用了戰爭啊。」

「是的。他在內心悄悄保留著想像力的火苗。由於他非常優秀，所以立刻就在工作上嶄露頭角，還不到三十歲，就當上了蘇聯噴氣推進研究所的副所長。」

「他是個早熟的天才……真的很像馮・布朗呢。」

「對。就連被莫名其妙逮捕這點也一樣……一九三八年，一名身穿黑衣的祕密警察闖進他的公寓，科羅廖夫被迫拋下飽受驚嚇的妻子與嚎啕大哭的三歲女兒，就那樣被帶走了。」

「為什麼？」

「聽說是嫉妒他工作表現的同事，以莫須有的罪名密告。他被帶到西伯利亞，在那裡被拷問到牙齒幾乎都掉光，還被判了死刑。」

「太過分了……科羅廖夫那時也沒有自由啊……」

「是啊。而且，科羅廖夫足足被關了六年，才得到釋放。暌違六年與家人重逢時，女兒都已經九歲了。」

「爸爸，你要是有六年都看不到我，會怎麼樣？」

「我會活不下去。」

「知道了、知道了。」

「唉呀～從什麼時候開始，爸爸的地位變得這麼弱了……」
「那科羅廖夫被放出來之後怎麼樣了呢？」
「又回去做飛彈研發工作了。那時正好是跟德國的戰爭快結束的時期，為了取得V－2的技術，聽說他還被派到德國去。後來蘇聯從德國帶回的大批工程師，就變成在他底下工作。他起初要做的工作，就是複製V－2。蘇聯把這個複製品稱為R－1火箭。」
「換句話說，這兩位天才雖然沒有直接見過面，但馮．布朗的技術還是傳給了科羅廖夫呢。」
「事情就是這樣。當然，從馮．布朗的角度看來，就變成是『技術被偷走了』吧。」
「同一件事情，可以從很多不同的面向去看耶。」
「對呀。科羅廖夫後來持續改良R－1，逐漸將火箭的尺寸愈做愈大，打造出R－2、R－5。終於，科羅廖夫在一九五七年完成了最佳傑作，R－7

火箭。R-7全長三十四公尺，重量是V-2火箭的二十倍以上，有兩百八十噸。你看，就是這樣的火箭。」

爸爸對小美展示電腦螢幕上的畫面，一邊說。

「啊，這種形狀！跟聯盟號一樣！」

「對。R-7的基本設計，就算過了六十多年，到現在依然在使用，是非常優秀的火箭。不過，當初製造R-7的目的，並不是發射太空船，而是要對美國投擲原子彈……R-7的射程為八千公

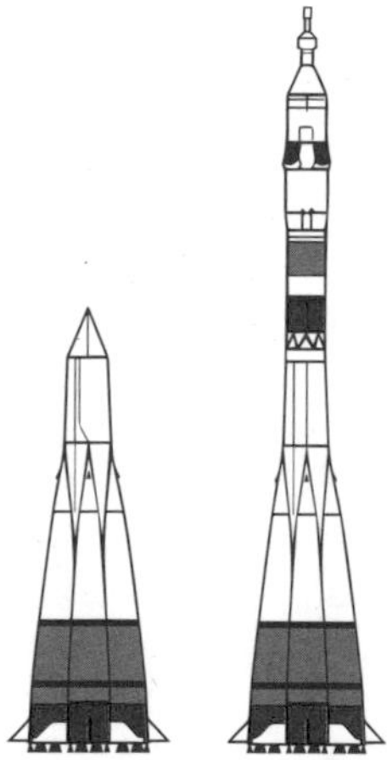

根據R-7打造的火箭。左：衛星號，右：聯盟號。
衛星號火箭很接近R-7的原型。（參考P.143專欄10）

里，只要用這個，蘇聯就可以對美國發動核武攻擊。」

「這樣的話，如果那時美國跟蘇聯開戰，R－7說不定就會在我們住的洛杉磯投擲原子彈……？」

「而且，R－7只要稍微改造一下，時速就能高達兩萬八千公里，也就是具有達到第一宇宙速度的能力。」

「換句話說，R－7可以發射人造衛星耶！比起原子彈，R－7應該更想裝載人造衛星吧。」

「是啊。但問題在於，要怎麼說服這一心只想著打倒美國的蘇聯政府，去發射人造衛星呢？」

「所以說，從一九五七年開始，科羅廖夫就已經能夠發射人造衛星囉。」

「對。」

「那時候，他的競爭對手馮．布朗在做什麼呢？」

「當時美國的馮．布朗，其實也面臨類似的困境。」

專欄 12

返回地球 & 登陸月球、火星和金星

為了到達太空，火箭必須加速到極高的速度。相反的，如果要從太空返回地球，則必須煞車減速。那麼，該怎麼煞車呢？

發射火箭以及返回地球（SpaceX．飛龍號太空船）

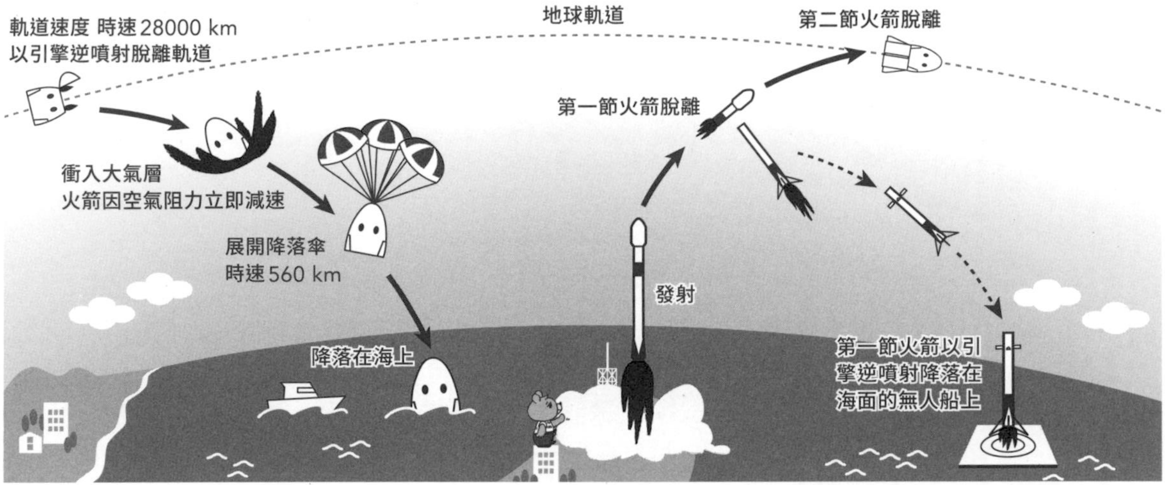

事實上，火箭降落是運用空氣的力量。當火箭以極高的速度從太空衝入地球大氣層時，會因為強大的空氣阻力而立即減速。此時，空氣摩擦產生的熱，會讓太空船暴露在攝氏數千度高溫的電漿態空氣之中。能保護太空船不受高溫影響的，就是裝設在太空船底部的隔熱罩。最後再運用降落傘減速，緩緩著陸（或降落在海上），在這個階段，幾乎不太需要使用推進劑（燃料與氧氣）。

登陸月球以及從月球表面發射（阿波羅計畫・登月小艇）

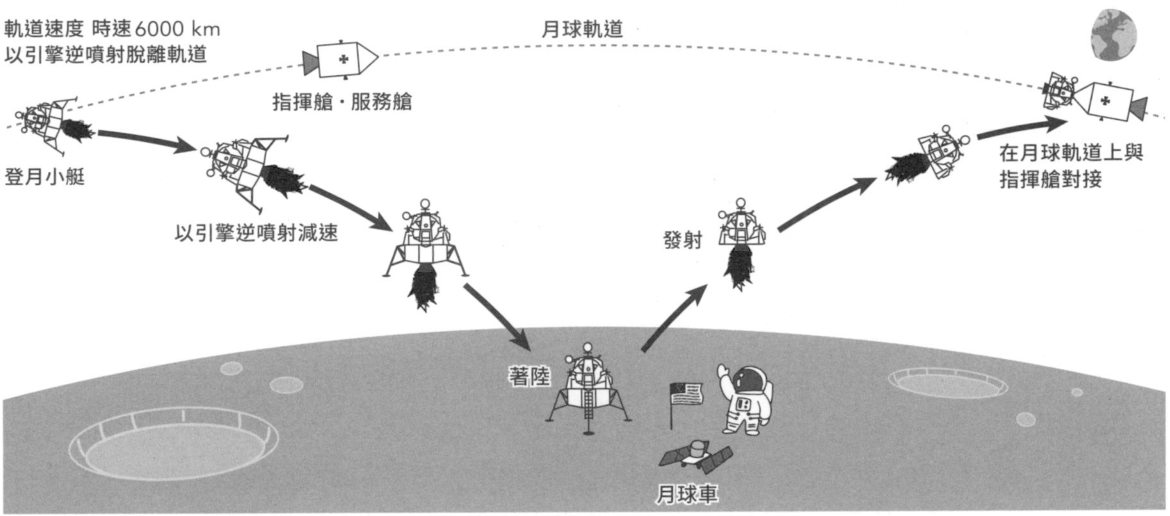

同樣的，登陸月球時也需要從極高的速度開始減速，不過由於月球缺乏大氣層，無法藉由空氣煞車，所以火箭會以引擎逆噴射來減速。因此，跟發射時的情況一樣，減速時需要大量的推進劑。幸運的是，月球的軌道速度只有地球的五分之一，所以不需要用到像從地球發射時的那種大型火箭。

登陸火星（火星探測車・毅力號）

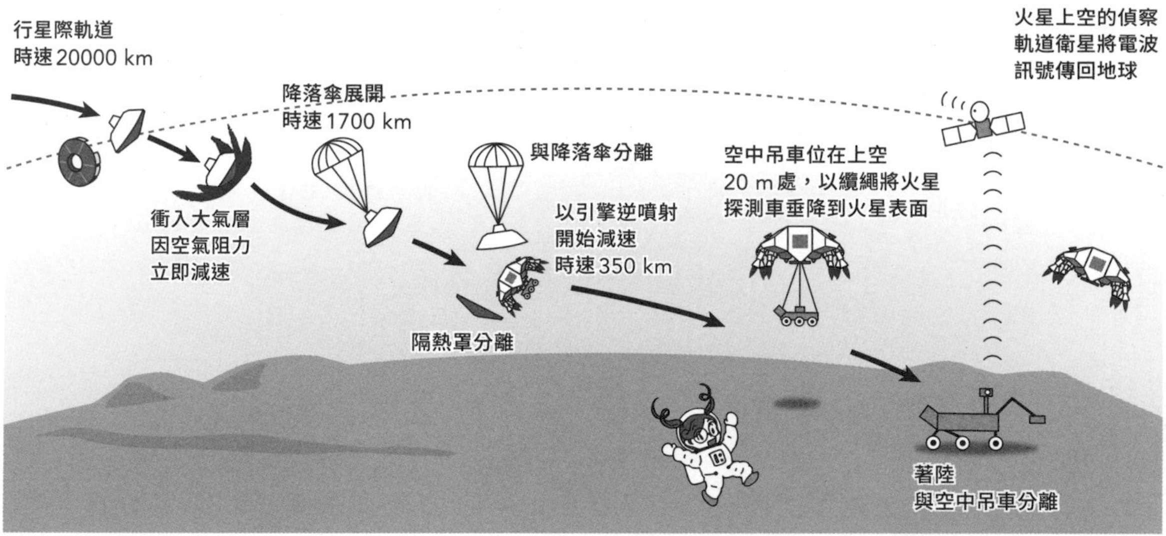

從地球抵達火星的太空船，速度同樣也非常快，時速高達20000公里。因為火星有大氣層，所以跟降落在地球時一樣，可以利用空氣來煞車，因此登陸時並不需要大型火箭。只是，火星的大氣層非常稀薄，表面的大氣壓力只有地球的1%，所以空氣阻力非常微弱，就算使用降落傘，也只能減速到時速約300公里。所以最後需要使用火箭引擎逆噴射來煞車。

登陸金星（金星探測器・金星9號、10號）

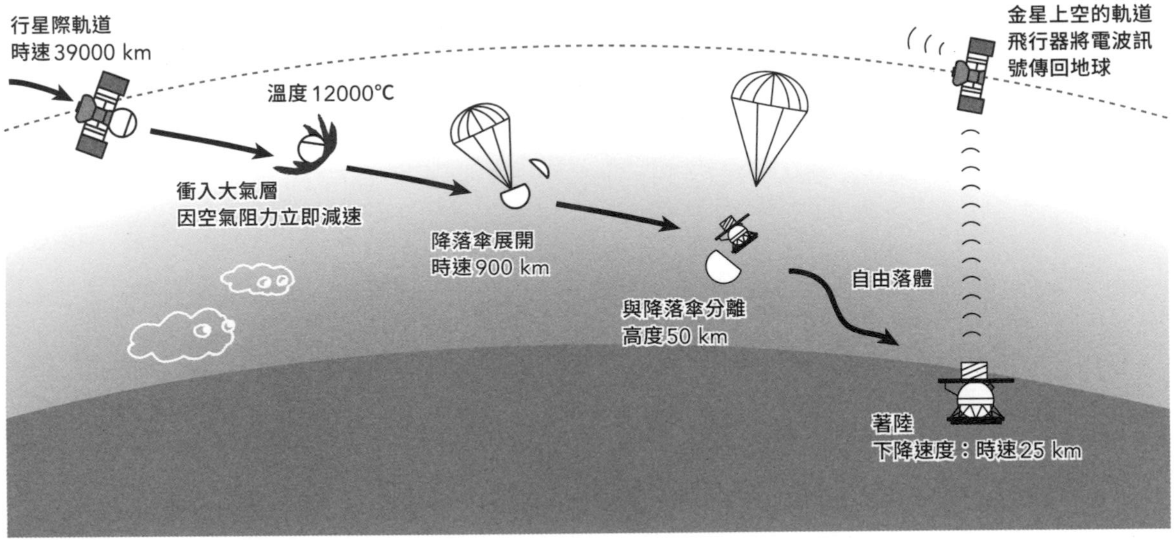

相反的，金星擁有非常濃密的大氣層，表面大氣壓力高達地球的90倍。

所以，登陸金星時會有非常強大的空氣阻力發揮作用。在1970年代登陸金星的蘇聯「金星號」探測器，與火星探測器一樣，起初是藉由衝入大氣層時的空氣阻力減速，接著再利用降落傘減速，最後探測器與降落傘分離，然後自然的著陸。由於金星的大氣層非常濃密，所以只要藉由探測器底部如甜甜圈形狀的裝置所產生的空氣阻力，就能夠像蒲公英的種子一樣，輕飄飄的降落。

13 無論如何都不放棄夢想

「奪走數千萬人生命的第二次世界大戰，終於在一九四五年的九月結束了。這時，馮．布朗被安排搭乘美國軍機，橫渡大西洋飛往美國。當時只有速度緩慢的螺旋槳飛機，途中還必須降落加油好幾次，據說這趟旅程花了三十個小時以上。」

「感覺屁股會坐到很痛耶……到達時，心情不知道是怎麼樣呢？終於逃離納粹、獲得自由，應該感覺神清氣爽吧。」

「另一方面，他也會感到不安吧。因為他是把家人留在德國，自己過來的。馮．布朗的人身受到美軍監控管制，並沒有行動自由。而且對美國人來說，德國人在短短數個月前還是浴血交戰的死對頭，因此民眾的反德情緒也很強烈。所以據說馮．布朗在跟一般人交談時，都假裝自己是瑞士人。」

「是喔，所以他並沒有完全獲得自由啊……但是到美國以後，他終於可以

研發太空火箭了！」
「不過，美國陸軍指派給他的工作，依然還是飛彈研發。」
「這樣啊……大家滿腦子都只想著戰爭耶……」
「對啊……第二次世界大戰結束後，緊接著就是冷戰時期，在那種氛圍下，隨時都可能再度爆發戰爭，因此不論是美國或蘇聯，都爭相投入軍事技術的研發。」
「到底要到什麼時候，才讓人家做太空火箭啦？」
「即使遠渡重洋來到美國十年了，馮．布朗的工作仍然是飛彈研發。」
「咦咦咦，十年這麼久!?在納粹底下被迫做了十年以上的飛彈，原本以為好不容易獲得自由了，結果在美國又做了十年以上的飛彈，幸好他沒有因此意志消沉耶。」
「對啊，那一定是想像力所具有的力量吧。不論現實有多麼殘酷，他在自己的想像中，都能清楚看到火箭在太空中遨遊的樣子吧。」

「是夢想，讓馮．布朗沒有放棄！他能夠這麼堅持，就是因為具有強大的夢想！」

「小美，你這句話說得真好！後來馮．布朗就為了實現太空飛行，一點一滴的預做準備。就在他來到美國大約第十年的時候，他根據V－2進一步研發出來的紅石火箭終於完成了。雖然基本設計跟V－2一樣，但重量增加了兩倍。另一方面，陸軍的噴射推進實驗室，則長期投入研發小型固體火箭『中士』(Sergeant)。」

「咦，噴射推進實驗室就是爸爸工作的JPL吧？那時候不是屬於NASA，而是陸軍嗎？」

「嗯，JPL在NASA成立之前，是屬於陸軍的實驗室。順帶一提，馮．布朗任職的陸軍彈道飛彈局，當時位於阿拉巴馬州的亨茨維爾……」

「啊！該不會後來變成NASA馬歇爾太空飛行中心了吧？」

「對，就是這樣！一九五五年，馮．布朗提案，把他的『紅石』還有JPL的『中士』結合起來，發射人造衛星。」

「也就是多節式火箭囉！」

「真不愧是小美！『紅石』是第一節，上面是固定了十一枚『中士』的第二節；然後第三節被第二節包覆住，位在內部，由三枚『中士』組成；更上面就是包含一枚『中士』的第四節。當第四節一燃燒完，火箭就能達到時速兩萬八千公里的第一宇宙速度，成為人造衛星。」

「感覺好像爸爸做的便當喔，把現成的全部都湊在一起。」

「真沒禮貌……不過，正是把現成的全都湊在一起，才能立刻飛上太空呢。馮．布朗不論如何，都想成為世界上第一個發射人造衛星的人。」

「咦？爸爸，看這張照片！第四節上面放的，不就是探險者1號嗎!?」

「你注意到了啊！馮．布朗跟ＪＰＬ當時提出的計畫，就是後來美國第一顆人造衛星探險者1號，它的發射載具——朱諾1號火箭喔。」

「可是，一九五五年比史普尼克1號發射升空還早了兩年，而探險者1號的發射已經是一九五八年的事了吧。」

探險者1號以及朱諾1號火箭的上部模型（照片提供：作者）

「對。如果在一九五五年那個時間點，美國政府許可馮．布朗的提案，那全球第一顆人造衛星，或許就不是蘇聯的史普尼克1號，而是美國的探險者1號了。」

「咦咦咦咦，沒有得到許可嗎!?為什麼!?馬上就能讓人造衛星升空，成為全世界第一名，到底有什麼理由拒絕呢？」

「其實，當時美國海軍也在研發自己的火箭，並有發射人造衛星的計畫。陸軍跟海軍是處於競爭的關係。」

「明明都是在美國，陸軍跟海軍競爭不是很沒意義嗎？」

「確實是這樣呢。而且，很顯然是馮．布朗的陸軍團隊比較優秀，結果政府卻選擇了海軍。」

「為什麼？」

「嗯～好像有各種不同理由……像是，『紅石』原本是納粹的技術；而海軍的火箭就完全是由美國製造的。還有，『紅石』或『中士』都是軍用飛彈，要是飛越蘇聯上空，有人擔心可能會因此刺激到蘇聯。另一方面，海軍的火箭原本就是應用在研究上。」

「可是啊，不管是飛彈或是火箭，用的技術都一樣，那無論是軍用還是研究用的，有什麼差別嗎？」

「是啊，所以說會選擇海軍，是一種政治判斷。也就是所謂的『大人的因素』呢……」

「所謂的『大人的因素』，真的都沒什麼好事耶。」

「嗯……馮．布朗在一九五六年用這個四節式火箭，進行了次軌道的重返實驗，但是據說軍方為了防止馮．布朗祕密發射人造衛星，火箭的第四節沒有裝載燃料而是砂子。實驗非常成功，如果那時第四節裝載了燃料，早在史普尼克1號升空的一年前，美國或許就已經發射全球第一顆人造衛星了。」

「拖延美國太空探索進度的，並不是蘇聯，而是美國自己啊……」

「說到底，那時候幾乎所有的政治人物或軍人，好像都不覺得發射人造衛星有多重要。比起這件事，他們都認為，想在冷戰中獲勝，首選就是核彈。」

「不論是哪個時代的政治人物，似乎都很缺乏想像力耶。」

「還有一部分原因，是因為美國人的驕傲。那時候，每個人都深信蘇聯的技術落後美國，根本沒人料到蘇聯會搶先發射人造衛星。例如，有個參議員曾這樣說『我到蘇聯一看，馬路上幾乎沒什麼車子在走，就算有，也都是破舊的老爺車。那種國家，怎麼可能會發射人造衛星』。」

「這好像龜兔賽跑耶……」

「對。就在兔子睡覺的時候，烏龜正神不知鬼不覺的偷偷準備著呢。」

©NASA/JPL-Caltech

③太空飛行操作設施

在這裡監控地球與位於太陽系各處太空探測器的通訊，或對探測器下達指令。

辦公室

職員平常辦公的地方，與一般公司沒什麼兩樣。

鹿

應該沒在做什麼太空工作。

④太空飛行器組裝設施

用來組裝太空探測器的巨大無塵室。為了防止塵埃進入，作業人員都必須穿著被戲稱為「兔寶寶裝」的無塵衣，將全身包緊緊的。

©NASA/JPL-Caltech

專欄
13

NASA噴射推進實驗室是什麼樣的地方？

小美爸爸工作所在的NASA噴射推進實驗室(JPL)，是一個什麼樣的地方呢？這裡以前曾經是陸軍的火箭實驗室，現在則是NASA研發太空探測器的據點。

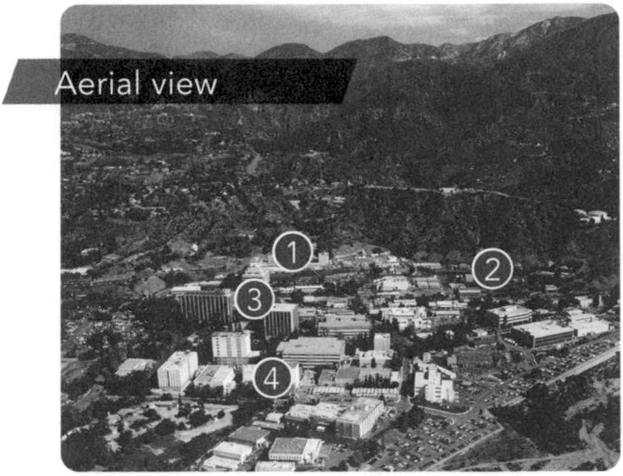

全景

JPL位於洛杉磯的北部，
在聖蓋博山的山腳下。

©NASA/JPL-Caltech

①太空模擬器

高26公尺、直徑8公尺的圓桶形房間。室內可以抽掉空氣而成為真空狀態，溫度變化可以從-185°C到100°C。在此可以模擬外太空或不同行星的環境，進行太空探測器的測試。

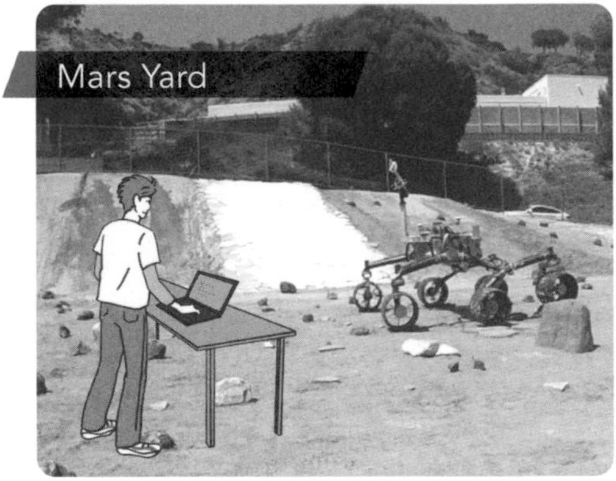

©NASA/JPL-Caltech

②火星庭院

在這裡進行火星探測車的行走實驗。

14 史普尼克在唱歌

「輪到全世界第一顆人造衛星『史普尼克1號』登場囉！」

「沒錯！」

「爸爸，你知道史普尼克1號的正式名稱是什麼嗎？」

「咦？史普尼克不是正式的名稱嗎？」

「原本叫做普力士提愛西·史普尼克1號*喔。俄文的意思就是『簡單的衛星1號』呢！」

「咦，之前都不知道呢。所以說，他們是幫衛星取名為『衛星』啊。就像小美小時候把貓熊娃娃取名叫『貓熊』一樣耶。」

「啊～小貓熊，現在還是我的寶貝！」

「恐龍玩偶是叫『恐龍君』吧？」

「才不是哩，是叫『空嚨君』喔～恐爪龍屬的『空嚨君』！」

「企鵝不是也叫『小企』嗎？」

「熊就叫做『慢悠熊』喔～」

「咦，剛剛是不是有其他人的聲音？」

「啊、欸，沒有啊，我什麼都沒聽見啊，一定是你多心了啦。」

小美手忙腳亂的摀住慢悠熊的嘴巴，把它藏到桌子底下。

＊編註：俄文為Простейший Спутник-1

「啊，以前你的太空梭也取名叫『太空梭君』！」

「夠囉！爸爸才老是取一些莫名其妙的名字呢！以前家裡的車子叫『波奇』、爸爸的電腦叫『小剛』，就連捕蚊器都叫『凱瑟琳*』。那是誰啊？你的前女友嗎？」

「這叫靈感啦，真希望你能說這是『創意豐富』呢。」

「喔～創意？空氣清淨機叫做『誠司*』、便當盒叫做『貝多芬*』，單純就只是諧音哏而已嘛。」

「小美最近口才愈來愈好了耶……」

「投降了嗎？」

「我認輸了。」

「呵呵呵。」

「說到探測器的名字，爸爸還是喜歡『Voyager』航海家。再沒有比它更適合這艘探測器的名字了。」

「日本探測器的名字也很酷啊，像是『隼鳥』（Hayabusa）和『破曉』（Akatsuki）！」

「中國探測器的名字也很棒。太空站的『天宮』取得也很好，月球探測器『嫦娥』則是根據月亮上的仙女來命名的呢。」

「俄羅斯語的名字也很棒喔。蘇聯建造的太空梭『Buran』是暴風雪的意思，國際太空站的功能貨艙『Zarya』是曙光的意思，服務艙『Zvezda』則是星辰的意思。」

「這麼一想，史普尼克的命名如果能更講究一點就好了呢。」

「那時一定很匆忙吧？根本沒有時間去想名字那些的。」

「或許吧。那時候，在蘇聯也能讀到美國的報紙，所以科羅廖夫大概很清

＊1 譯註：捕蚊器的日文發音近似於引號內的名字。
＊2 譯註：空氣清淨機的日文發音一部分近似於引號內的名字。
＊3 譯註：便當盒的日文發音近似於引號內的名字。

楚美國火箭的研發狀況。可能他一心只想著不論如何都要比馮·布朗更早發射全球第一顆人造衛星，非常的焦急吧。」

「不只是夢想，也關係到自尊心呀。」

「這個嘛，如果自尊心能成為使人進步的動力，是一種健全的動機。但如果是用來貶抑他人，那就不好了。」

「科羅廖夫是怎麼說服蘇聯政府發射史普尼克的呢？蘇聯的政治人物也對太空有興趣嗎？」

「據說在蘇聯的反對意見也很多，但是科羅廖夫爭取到最高領袖，赫魯雪夫的支持。在民主國家，要是沒有獲得多數人同意，事情就沒辦法進展；但蘇聯那時候是個獨裁國家，只要獨裁者一個人說ＯＫ，什麼事都能做。」

「總覺得好複雜喔……就因為獨裁者一個人覺得ＯＫ，就什麼事都能做，而造成德國或蘇聯那麼多無辜的人民被殺害……」

「對。所以我們不能光用科技或豐裕的物質，來評斷一個社會呢。」

「不論科技有多進步，要是人民不幸福，就完全沒意義了。」

「於是，一九五七年的十月三日，這個寒冽的早晨，裝載著史普尼克1號的R-7火箭，被橫向放置在貨物列車上，從機庫緩緩運送到二．四公里之外的圖拉坦飛彈發射場。」

「圖拉坦？不是拜科努爾嗎？」

「對，拜科努爾太空發射場在當時被稱為圖拉坦。」

「喔～」

「火箭被垂直豎立在發射臺上，發射時間訂在隔天晚上十點後。科羅廖夫他們就在距離發射臺大約一百公尺的防空洞裡，屏息等待這一刻。」

「好緊張!!」

「發射之後會更緊張呢。畢竟火箭不像飛機，它沒辦法人為操縱。只要一按下發射鍵，後續的一切全都是自動發生的，結果到底是成功還是失敗，人們就只能等待而已。那時候當士兵按下了發射鍵，科羅廖夫的火箭立刻噴出

猛烈的火焰，就像盛夏的太陽一樣，照亮了寒冷的黑夜，升上天空。」

「吼～如果是我的話，絕對坐不住的!!」

「相信科羅廖夫也是這樣的心情吧。而且發射後才短短八秒，警報就響起，好像是引擎出現異常。儘管如此，火箭還是持續往上飛升，科羅廖夫除了靜靜等候之外，根本無計可施。從發射到火箭燃燒完畢大約是五分鐘，那恐怕是科羅廖夫人生中最漫長的五分鐘吧。」

「不過還是順利燃燒完畢，史普尼克1號成為地球的人造衛星了吧！」

「只是，當時的火箭沒有裝設攝影機，所以沒辦法立刻知道史普尼克1號有沒有順利進入環繞地球的軌道。想知道有沒有成功，就必須等大約一個半小時後，接收史普尼克1號繞地球一周後所傳來的電波訊號。」

「一個半小時!!我不能呼吸了!!」

「據說科羅廖夫他們也根本坐不住，所以從防空洞衝出來，跑到停在室外的通訊車那裡去。通訊車上有兩名通訊兵，他們把天線對著天空，正在等候史普尼克1號的電波訊號，科羅廖夫也一起屏息等待。」

「啊呀，快點啊，史普尼克1號!!……還沒傳過來嗎？」

「還沒。」

「還沒嗎？」

「還沒。」

「還沒傳過來嗎？」

「還沒耶。」

「爸爸，你是故意要讓我著急吧？」

「被發現啦？」

「快點啦!!」

「然後，就在一個半小時之後！」

「來了？」

「來了嗎……？」

「哎呦，爸爸!!」

「通訊兵的耳機傳出了，嗶——嗶——嗶——嗶——嗶——」

「太好啦!!!!!!!!」

「這時每個人都開心的蹦蹦跳跳、手舞足蹈、喜極而泣，並開心的互相擁抱呢。然後，科羅廖夫這麼說『這是至今從沒有人聽過的音樂』。」

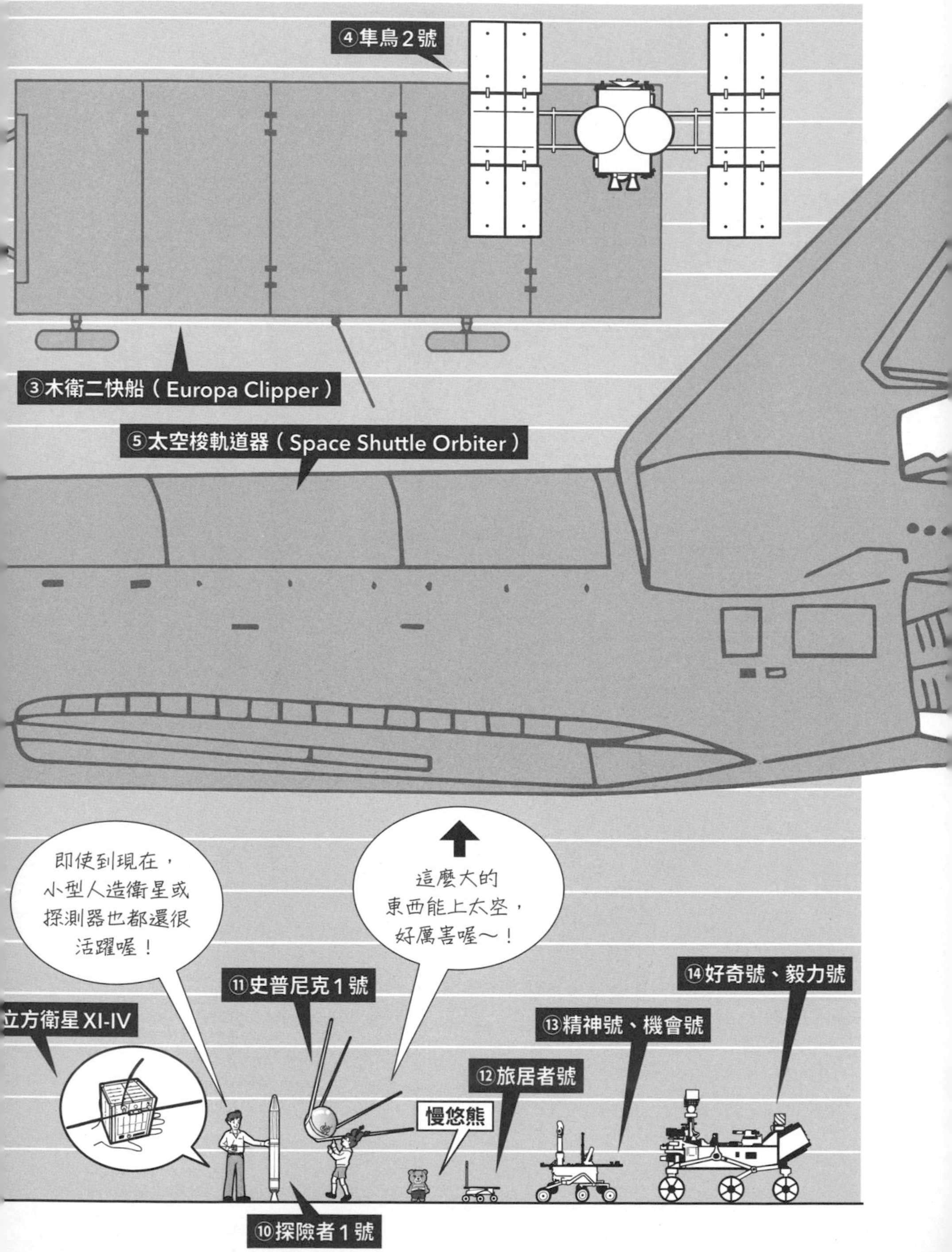

④隼鳥2號
③木衛二快船（Europa Clipper）
⑤太空梭軌道器（Space Shuttle Orbiter）
即使到現在，
小型人造衛星或
探測器也都還很
活躍喔！
這麼大的
東西能上太空，
好厲害喔～！
⑪史普尼克1號
⑭好奇號、毅力號
立方衛星 XI-IV
⑬精神號、機會號
⑫旅居者號
慢悠熊
⑩探險者1號

專欄 14

太空船、太空探測器大集合！

裝載在火箭上的各種太空船和太空探測器，它們的形狀、大小和飛行目的地都不一樣，我們把這些資訊列出來比較看看吧！

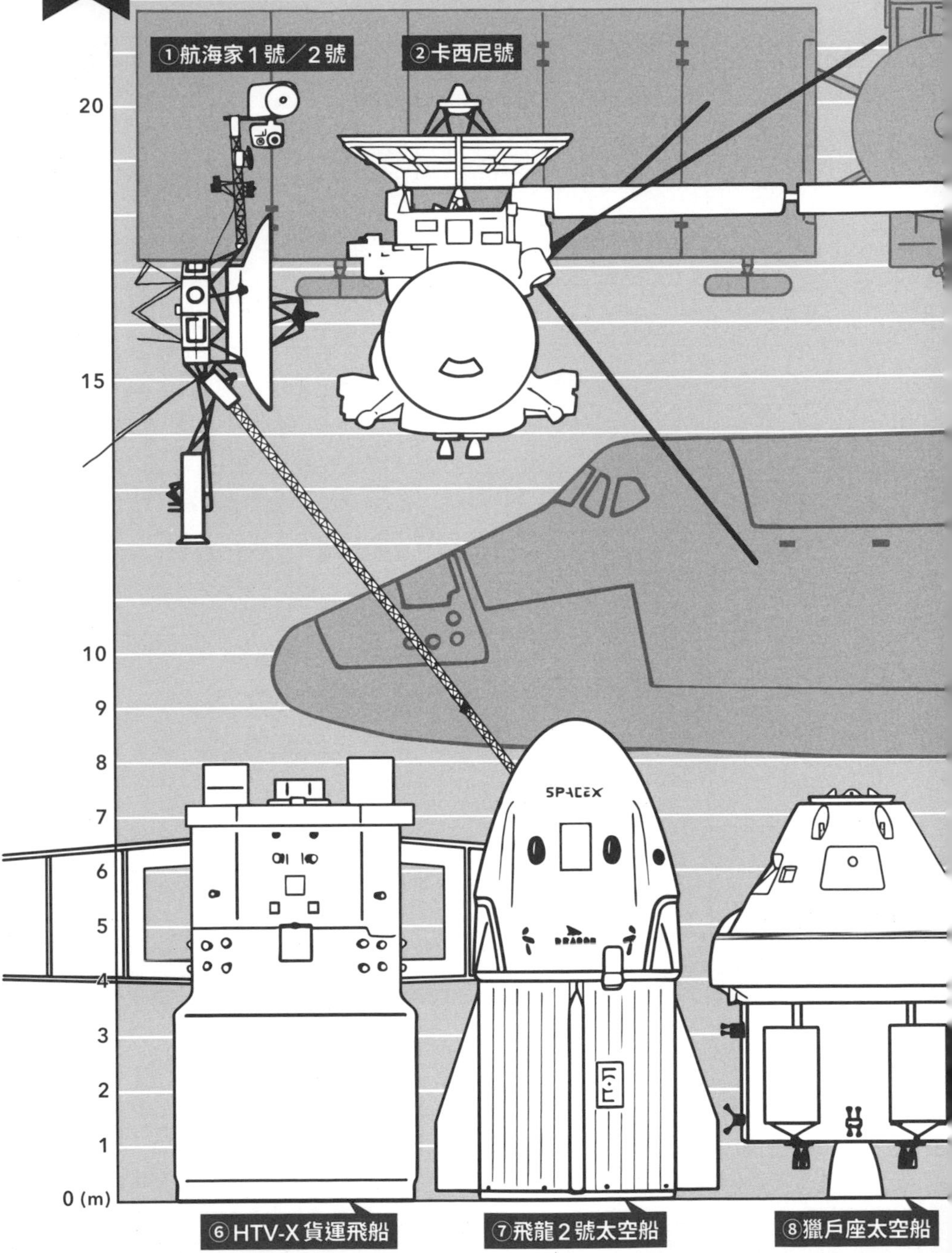

目的地	全長	重量	註解
木星、土星、天王星、海王星、星際空間	3.7公尺（天線直徑）	825公斤	史上首度近距離探測天王星、海王星（航海家2號） 史上首度抵達星際空間的探測器（航海家1號）
土星	6.8公尺（高）	5.7噸	史上第一顆土星的人造衛星（環土星軌道）
木衛二	約22公尺（太陽能板）	約6噸	探測或許存在地球之外生命的木星衛星：木衛二
小行星「龍宮」	約6公尺（太陽能板）	609公斤	從小行星採集並攜回研究樣本
近地軌道	37.2公尺	110噸	史上第一艘可重複使用的載人太空船 能像飛機一樣水平著陸
近地軌道	約8公尺	約16噸	運送物資到太空站的太空船
近地軌道	8.1公尺	約9.5噸	民間企業首度成功進行載人軌道飛行
月球、火星	3.3公尺（高）	33.4噸	NASA為了載人上月球及火星所研發的太空船
近地軌道	10公分	約1公斤	史上第一批立方衛星（迷你衛星規格）之一
近地軌道	2公尺	14公斤	美國第一顆人造衛星，發現范艾倫輻射帶（Van Allen radiation belt）
近地軌道	58公分（直徑）	84公斤	史上第一顆人造衛星
火星	66公分	11.5公斤	史上第一臺火星探測車
火星	1.6公尺	180公斤	火星探測車。精神號行駛了7.7公里，機會號則行駛了45.2公里
火星	3公尺	約1噸	火星探測車。毅力號在火星上尋找過去可能存在地球之外生命的證據

各種探測器與太空船的詳細資訊

探測器・太空船名稱	研發・運用國家	研發機構	發射
1 航海家1號／2號	美國	NASA、JPL	1977年
2 卡西尼號	美國	NASA、JPL	1997年
3 木衛二快船	美國	NASA、JPL	2024年（預計）
4 隼鳥2號	日本	JAXA宇宙科學研究所（ISAS）	2014年
5 太空梭軌道器	美國	NASA	1981年～2011年
6 HTV-X貨運飛船	日本	JAXA	2025年（預計）
7 飛龍2號太空船	美國	Space X	2020年～
8 獵戶座太空船	美國 歐洲各國	NASA、ESA	2014年～
9 立方衛星XI-IV	日本	東京大學	2003年
10 探險者1號	美國	JPL	1958年
11 史普尼克1號	蘇聯	科羅廖夫第一試驗設計局（OKB-1），今名為科羅廖夫能源火箭航天集團	1957年
12 旅居者號	美國	NASA、JPL	1996年
13 精神號、機會號	美國	NASA、JPL	2003年
14 好奇號、毅力號	美國	NASA、JPL	2011年、2020年

＊紅色粗體字為載人太空船
＊JPL：噴射推進實驗室　ESA：歐洲太空總署　JAXA：日本宇宙航空機構

15 機會終於降臨——探險者1號飛向太空！

「話說回來，馮・布朗應該很懊惱吧。忍耐了二十多年，被迫投入不想做的飛彈研發，結果最後卻被別人捷足先登。」

「豈止是懊惱，可以說是氣炸了吧。聽說他知道史普尼克1號新聞的那天，正好遇到國防部長麥可羅伊來視察。他當時毫不掩飾的怒吼說：

『我們兩年前就能做到了！拜託你讓我們做吧！現在火箭就在倉庫裡沉睡著。麥可羅伊部長，我們可以在六十天之內發射人造衛星！現在需要的，就只是您的許可和六十天的時間！』。」

「然後，終於輪到馮・布朗表現了嗎？」

「後來並非如此。」

「咦咦咦咦!!??為什麼!!??」

「儘管如此，政府還是沒有改變原先的政策，那就是比起馮・布朗的陸軍

團隊，海軍才是優先選擇。」

「什麼意思嘛!!美國根本不打算發射人造衛星嗎？」

「不，正好完全相反。美國得知史普尼克1號的消息後，陷入恐慌。畢竟，別人都已經發射人造衛星飛越美國上空了，這代表蘇聯隨時都能對美國投擲核彈。」

「所謂國家的尊嚴也澈底粉碎了吧。之前還一直覺得蘇聯的技術能力遠遠落後美國，結果卻被輕易的超越……」

「所以美國政府就對海軍施壓，要求海軍盡早成功發射人造衛星。」

「那是當然的啊。然後呢？」

「史普尼克1號發射後兩個月的一九五七年十二月六日，集全體美國人的期待於一身的海軍火箭『先鋒號』（Vanguard）發射升空。」

「然後呢？」

「才發射兩秒後，就發生大爆炸……」

「啊呀呀呀……」

「這對美國來說，簡直是恥上加恥。」

「真是丟光了臉耶。」

「最後，才終於輪到馮．布朗出場。」

「一開始就讓馮．布朗去做不就好了……」

「但是，他們給馮．布朗的時間只有短短的三天。」

「怎麼會這樣？」

「因為海軍優先的政策，自始至終都沒有改變。」

「腦袋有夠僵硬的!!」

「由於一九五八年一月，海軍預定發射的火箭遇到了麻煩，因此馮布朗獲得許可，用僅僅三天的時間去修理。」

「等了二十年以上，好不容易得到的機會只有三天！」

「第一天一月二十九日，因為遇到強風，所以不可能發射。」

「一天可是很寶貴的啊！」

「第二天一月三十日，風力還是沒有減弱。」

「這好像電影情節喔……」

「然後到了最後一天的早上。」

「風怎麼樣呢？」

「升上氣球，然後測量風速……」

「測量風速……？」

「勉強過關！」

「太好運了，馮・布朗！」

「為了便於觀看引擎的噴射，所以預訂在晚上十點半發射。」

「是夜間發射！看著自己的火箭升上太空，一定會很感動吧。」

「只不過，當時馮．布朗並不在場。」

「咦咦咦，為什麼!?」

「據說他也很想在現場看發射，但是為了出席成功發射後的記者會，他被命令在距離一千兩百公里以外的華盛頓待命。」

「那只能透過螢幕畫面看囉？」

「也不是這樣。一九五八年還沒有網路，電視直播也不容易。馮．布朗是透過電話還有電傳打字機來追蹤發射狀況。」

「電傳打字機？」

「這就像是古早的即時通訊聊天，對方鍵盤打出來的文字，透過電話線傳送過來，然後再由這邊的打字機把文字印到紙上。」

「真是愈來愈讓人心急了！」

「就在發射前三十分鐘，傳來了這樣的訊息：

『火箭在探照燈的照耀下，看起來非常美麗』。」

「他應該很想要在現場看吧。」

「然後，電傳打字機以『二十秒』、『十秒』這樣的文字倒數*。」

「發射!!他一定運用想像力，看著他的火箭噴火展開太空旅行的樣子！」

「火箭的狀況透過冷靜的電報文字傳達過來。據說第一節、第二節都正常燃燒了，然後馮·布朗迫不及待的詢問第三節、第四節的情況，電報的回答是『還不清楚。請去喝杯咖啡或是抽根菸等一等』。」

「喝什麼咖啡啊，哪有心情喝啦！」

「幾分鐘後，『一切似乎都很順

探險者1號發射升空　©NASA

*編註：最終在22：48發射升空。

利』的訊息傳送過來。發射過程看來沒有什麼問題。而主要的問題在於，接下來人造衛星能不能好好進入環繞地球的軌道運行。」

「跟史普尼克1號一樣呢。」

「根據預測，探險者1號環繞地球一周，大概是在午夜十二點三十分過後，加州的天線會接收到電波訊號。」

「還要忍受煎熬一個半小時！要是我的話會昏倒的！！！」

「然後到了十二點半，電波訊號沒有傳來。」

「……」

「一分鐘、兩分鐘……」

「來了嗎？」

「還沒來。三分鐘、四分鐘……」

「還沒嗎？」

「還沒。五分鐘、六分鐘……還是沒來。」

「啊啊啊啊～!!」

「馮．布朗他們覺得失敗了，每個人都很沮喪消沉。」

「……」

「就在八分鐘後……加州四個地點的天線同時傳來報告，說他們都接收到電波訊號了！」

「太好啦啊啊啊啊啊!!」

小美簡直像是馮．布朗本人一樣，開心的跳了起來。

「好像是因為對軌道週期的預測，有幾分鐘的落差，才造成延遲傳遞訊號。馮．布朗他們雀躍不已。小美，你看，你應該見過這張照片吧。」

爸爸用智慧型手機很快搜尋了照片，展示給小美看。

「當然！三個人高舉的是探險者1號的模型吧！」

©NASA

「這是發射成功後立刻召開的記者會的照片喔。」

「啊，最右邊這個就是馮．布朗！他的表情看起來好開心喔。」

「看起來也像鬆了一口氣的表情呢。」

「畢竟，從在德國研發飛彈開始，都已經過了二十六年了，好漫長的一段時間啊。他相信這一天總會到來，儘管無奈的投入飛

彈研發，也仍然持續耐心的等待機會。」

「半年後，美國成立了NASA。然後在一九六〇年，馮．布朗所在的陸軍彈道飛彈局移交給NASA管理，並且成為馬歇爾太空飛行中心。」

「終於完全擺脫飛彈了呢。」

「小時候所懷抱的太空夢，到了四十八歲時終於實現了呢。」

「他一直守護著內心的想像力火苗呢。」

「因為他非常的堅定，所以才能守護到最後吧。」

「之後他就帶領NASA的馬歇爾太空飛行中心，完成農神5號火箭，然後在一九六九年實現了人類首度登陸月球的計畫，對吧！」

「那個時候，馮．布朗已經五十七歲了。這一段漫長的時間，或許他的想像力持續在內心呢喃著『不要放棄、加油，太空還在等著你呢』。」

小畫廊

這顆名為「PSO J318.5-22」的行星，所處的環境裡沒有太陽。它不繞著恆星公轉，而是單獨飄浮在宇宙中。對於夜貓子而言，這裡是最棒的旅行地點吧！

圖源：NASA-JPL/Caltech

專欄 15

臺灣的火箭科技

編寫／快樂文化編輯部

前面小美與爸爸談到三位火箭之父為太空時代奠定基礎，讓科幻小說的場景逐步化為現實，那是他們充滿勇氣、夢想，以及辛苦奮鬥的歷史。看到這裡，各位讀者是不是也好奇，我們臺灣的火箭科技發展呢？

臺灣從1991年開始以國家計畫推動太空科技發展，如今已能自製人造衛星；不過，這些衛星都是委託國外的火箭公司協助發射，事前必須大費周章的將衛星運送到國外。由於世界各國嚴格保護太空技術和重要零組件，因此，要能自行研發出飛上太空的火箭，確實非常不容易！目前為止，全世界能夠自主發射火箭的國家，只有十多個*（美、蘇聯／俄羅斯／烏克蘭、法、日、中、英、歐洲太空總署、印度、以色列、伊朗、北韓、南韓）。

如果有一天，臺灣能在本土親自發射我們的衛星，將是一件多麼令人感動的事！這十多年來，有一群人持續不懈的構築自製火箭的夢想，接下來就向大家介紹，臺灣從國家單位、學術界到民間公司，在火箭科技上的發展。

（*統計資料來源：Statista）

國家太空中心
推動臺灣太空發展的專責單位

國家太空中心總部位在新竹科學園區，前身於1991年成立，主要專注發展衛星任務；1997年開始進行探空火箭計畫，至2014年共發射了十枚探空火箭。

現任太空中心主任為吳宗信，他致力於打造臺灣的火箭，人稱「火箭阿伯」。1964年吳宗信出生於臺南，臺大機械碩士畢業後，前往美國密西根大學攻讀航太工程博士，開始接觸航太相關研究。1995年他回到臺灣，在太空中心擔任工程師，三年後轉至陽明交通大學機械系任教。2005年他參與太空中心「哈比特計畫」，研發衛星運載火箭，可惜這個計畫因經費不足而中止。

後來，吳宗信持續投入研發火箭，在大學、民間公司都累積了相當的經驗，並在2021年接任太空中心主任。2023年太空中心升格為行政法人，英文名稱改為 TASA（Taiwan Space Agency），並增設火箭研發部門，開始入軌火箭的研發，希望讓臺灣以「南火箭、北衛星」產業發展布局，踏實的實現太空夢。

台灣晉陞太空股份有限公司
民營的火箭製造商

晉陞太空（TiSPACE）於2016年成立，是臺灣第一家民營航太火箭製造公司。公司的目標專注於開發輕型運載火箭，使用節能、安全的混合式火箭引擎，提供火箭發射服務，將來能替客戶發射各類衛星到特定的運轉軌道上。現今的執行長為陳彥升，他是美國堪薩斯大學航太工程博士，曾經做為訪問科學家（visiting scientist）前往NASA馬歇爾太空飛行中心，從事火箭推進及載具系統方面的研究。2005年，陳彥升返回臺灣進入太空中心研發團隊，主持「探空火箭計畫」、「哈比特計畫」。2016年創辦公司。

晉陞開發的兩節式火箭「飛鼠1號」（Hapith I），長10公尺，直徑1.5公尺，2020年2月在臺東縣進行第一次試射，因天候不佳而中止發射；2021年9月在澳洲進行第二次試射，結果起火而升空失敗，但過程中收集到寶貴的數據資料。陳彥升希望能在臺灣打造火箭發射基地，但目前礙於國內的法規限制，將以澳洲的發射場為主。他認為商業衛星發射具有龐大的市場，期待迎接未來的太空經濟時代。

不同飛行任務的火箭	
探空火箭	飛行範圍大多在50公里到300公里間，探空火箭通常以次軌道軌跡飛行，在飛行期間打開各項科學儀器進行實驗、蒐集數據。由於不會進入繞地軌道，對引擎操控性的要求較低，並可透過發射架輔助導引發射，降低火箭發射成本。
運載火箭	會裝載衛星或太空船等酬載進入地球軌道，飛行速度必須要達到可以環繞地球運轉的水平速度，也就是第一宇宙速度。而每個任務酬載繞行地球的方向不盡相同，為了精準達到入軌所需的速度與方向，火箭引擎必須運作到抵達軌道的那一刻，在精準的時機點火/熄火，以及需具備精密的方向控制能力。

不同燃料的火箭	
液體火箭	如美國的SpaceX等主流的衛星載具，使用液體燃料，可以精細控制，但管路複雜、造價昂貴。
固體火箭	使用固體燃料，構造簡單，但是單位燃料可提供的衝力較小，而且較難控制推力與緊急停止。
混合式火箭	以液態的氧化劑注入引擎，與引擎內部的固體燃料混合燃燒。兼顧低成本和安全性，但較難設計成大型推進系統。

國立陽明交通大學前瞻火箭研究中心
跨校的火箭研究學術機構

2012年，當時為陽明交通大學機械系教授的吳宗信，與一群志同道合的教授，在私人與企業捐款的幫助下創設了ARRC（陽明交大前瞻火箭研究中心），除了希望讓火箭相關的研究計畫可以長久持續，也讓有潛力的學生從學校畢業後，能夠繼續發揮所長，累積、傳承研發的經驗，並促進臺灣太空科技的發展。團隊中最主要的四所大學有：陽明交通大學（Hsinchu)、臺北科技大學(Taipei)、成功大學(Tainan)、屏東科技大學(Pintung)，發射的火箭因此命名為 HTTP 系列。

ARRC的目標是幫助臺灣建立衛星運載火箭所需具備的技術，至今已進行過二十次以上的火箭發射試驗，最新的測試是HTTP-3A第二節火箭的「火箭導航飛行控制技術」，這是為了未來發射衛星運載火箭做準備。這樣的技術要能控制火箭的飛行姿態與路徑，並且不需要發射架和滑軌輔助飛行方向，就能讓火箭垂直起飛。

在經歷幾次因為系統故障或是天候不佳而取消發射後，終於，2022年7月10日清晨，臺灣第一枚，也是全世界第一枚「可導控的混合式火箭」首度成功發射，高度到達約三公里，飛行約兩分鐘，立下新的里程碑。

HTTP-3A第二節火箭 發射影片

HTTP-3A全長約9公尺，第二節長度4.8公尺

關於夢想，火箭阿伯有一些話分享給讀者

孤單一人作夢，猶原是眠夢；

衆人做伙作夢、鬥陣行動，

夢想才會變成真。

印度

印度的太空發展初期受蘇聯的援助，後期成功取得關鍵技術的突破，如今躍升成為航太大國。前總統卡蘭，被稱做「印度飛彈之父」，他致力於發展國防科技，也協助研發第一枚運載火箭（SLV-III）。維克拉姆· A ·薩拉巴伊是印度太空計畫的奠基人，1962年設立印度國家空間研究委員會（INCOSPAR）。1963年印度發射了第一支自製探空火箭。1972年印度太空研究組織(ISRO)成立。1980年7月18日，印度第一次用自製的運載火箭從本國的發射場發射衛星成功，成為世界上第八個具有獨立衛星發射能力的國家。

特殊紀錄

★2013年11月5日發射火星軌道探測器，於2014年9月24日進入火星軌道，為第一個初次進行火星探測就成功的國家，花費7400萬美元，是最省錢的火星任務。

★2023年發射月球探測器「月船3號」，是繼蘇聯、美國和中國之後第四個成功登陸月球的國家。

北韓

1980年代成立了宇宙空間技術委員會。首先以彈道飛彈改良為一次性運載火箭，自1998年以來，陸續有試射紀錄，2012年12月12日以運載火箭「銀河3號」發射人造衛星「光明星3號」，是北韓獨立成功發射的第一顆衛星。後續也有兩次成功發射的紀錄，在2016年2月以運載火箭「光明星號」發射地球觀測衛星「光明星4號」；2023年11月以運載火箭「千里馬1號」發射軍事偵察衛星「萬里鏡1號」。

南韓

1989年，韓國航空宇宙研究院成立，開始研發火箭技術。韓國自製的探空火箭KSR-I和KSR-II分別在1993年和1997年成功發射。2022年6月21日，韓國首個完全自主研發的運載火箭「世界號」（KSLV- II ）成功發射，並將酬載送上近地軌道。花了三十年，南韓加入了在本土發射自製火箭的國家的行列。也是具備可向太空發射重量1噸以上衛星的第七名國家。

大隅號
高度：100公分
重量：24公斤

參考資料：
科技大觀園 https://scitechvista.nat.gov.tw/
國家太空中心 https://www.tasa.org.tw/
ARRC https://arrc.tw/zh-TW/
泛科學 https://pansci.asia/
報導者 https://www.twreporter.org/
國家實驗研究院 https://www.narlabs.org.tw/
維基百科 https://zh.wikipedia.org/wiki/Wikipedia
HASSE 太空學校 https://tw.spaceschool.org/
《遠見雜誌》、《科學少年雜誌》

周邊亞洲國家的火箭科技發展

日本

日本的「火箭之父」是糸川英夫。他是東京大學的教授，在二次大戰期間，曾參與軍用機的研發工作。日本在1945年戰敗後，被禁止研發飛機，一直到1952年禁令才解除。但在此後，糸川英夫開始描繪著製造火箭的夢想，於是建立自己的團隊。

團隊最初從重量只有200克的「鉛筆火箭」開始做起，從1955年到1962年，秋田縣的道川海岸沙灘就是日本的火箭實驗中心。當時基於日本對戰爭的反省，糸川團隊研發的太空火箭，與軍用飛彈嚴格劃清界線，但也因此面臨了很大的技術困難。想發射人造衛星的話，火箭的飛行方向就必須從筆直朝上逐漸變成水平方向，為此所用到的導控技術可能會轉用於飛彈上。所以，糸川團隊改採用「無制導重力轉向」（gravity turn）這種非常複雜的方法。歷經四次失敗後，1970年2月11日，接替糸川工作的工程師們，終於成功發射日本第一顆人造衛星「大隅號」進入地球軌道。日本繼蘇聯、美國和法國之後，成為第四個獨立成功發射人造衛星的國家。糸川退居幕後，於1999年辭世。

2003年，日本的小行星探測器「隼鳥號」，完成全球第一次的小行星樣本攜回任務，為了紀念糸川英夫的功績，「隼鳥號」所造訪的小行星，就被命名為「糸川」。

大隅號發射
©JAXA

・此篇為日文原版專欄內容濃縮而成
・日文原版專欄參考資料：日本的太空發展歷史～宇宙研物語
http://www.isas.jaxa.jp/j/japan_s_history

中國

中國的「導彈之父」和「航太之父」是錢學森。他畢業於上海交通大學，1935年赴美國留學，後來投入火箭研發領域，成為美國NASA的JPL實驗室的創始人。他曾擔任美軍的軍事顧問，說服馮・布朗把火箭技術帶到美國。

不過，後來錢學森卻被當年的美國軍方當成間諜，禁止進行研究計畫，到最後被驅逐出境。1955年他回到中國，從頭開始建立了中國的航太技術，奠定了中國太空科技的基礎。他協助開發出中國第一枚運載火箭「長征一號」，在1970年把中國第一顆人造衛星「東方紅一號」成功送上軌道。之後直到現今，中國已發展出許多不同型號的火箭，持續進行火箭發射任務。

特殊紀錄

★2003年以太空飛船「神舟五號」搭載太空人楊利偉進行首次載人太空飛行。中國是亞洲唯一擁有獨立載人太空飛行能力的國家。

★2021年發射「天和核心艙」進入軌道，正式開始建造中國的太空站。

★2024年5月3日發射月球探測器「嫦娥六號」，預計將採集人類史上第一份來自月球背面的樣品。

16 從地球到月球——凡是人類能想像到的事物，必定有人能將它實現

屋外已經變得一片漆黑了，所以兩人回到屋子裡，打開了燈、坐到沙發上。小美興奮的繼續往下說：

「再來就進入太空競賽的時代了吧！我從書上讀過好多次了！起初是蘇聯一直贏吧。一九六一年，太空人加加林完成了全球第一次的人類太空飛行，那時發射的火箭，是以科羅廖夫的R—7所發展出來的『東方號』。三個星期後，馮・布朗的紅石火箭載著艾倫・雪帕德，完成美國人第一次的太空飛行，但是跟加加林

不一樣，他這次是進行次軌道飛行。一九六三年，第一位女性太空人進入外太空飛行，也是蘇聯。泰勒斯可娃女士，她是我的英雄呢！當她從太空中發出呼叫『我是海鷗』，真是太棒了。」

「第一次的太空漫步，還有第一次完成無人月球探測任務的，也全都是蘇聯呢。」

「為了扳回劣勢，美國甘迺迪總統下了一場豪賭，就是阿波羅計畫！甘迺迪總統那時的演講，真的是非常帥氣呢！

『我們選擇登月，並不是因為它很簡單，而是因為很困難』。」

「甘迺迪總統宣示，要在一九六〇年代結束前將人類送上月球，而在當時美國唯一一次的載人飛行紀錄，還只有艾倫．雪帕德那短短十五分鐘的次軌道飛行呢，這真是讓人難以置信的魯莽計畫。」

「而把那個魯莽計畫化為可能的人，就是馮．布朗！他研發出來的農神5號火箭，高度有一一一公尺，重量則達到二九七〇噸！」

「接下來就是農神5號火箭發射的第一次載人任務……」

「阿波羅8號！人類史上第一次的繞月飛行！環繞月球十圈後返回地球！」

「話說回來，之前不是給了小美一本書，儒勒．凡爾納的《從地球到月球》嗎？」

「嗯。」

「那本書是一百多年前寫的，故事卻跟阿波羅8號的任務簡直一模一樣喔。」

「咦，真的嗎!?」

小美飛奔回自己的房間，從書架上把那本紅色封面的書拿過來。

「你看，太空船是從佛羅里達州發射上月球的……」

爸爸接過書後，一邊翻著書頁，一邊指著插畫說明。

（左）儒勒・凡爾納的《環繞月球》書中插圖
（右）降落在太平洋海面上的阿波羅11號指揮艙
©NASA

「繞月過後的返航情況也相同，你看，返回地球是降落在太平洋上，連這點也一模一樣。」

「好厲害！科幻小說過了一百年多的時間，竟然真的實現了！」

「對！儒勒．凡爾納望著大海時所懷抱的想像力，透過這本書傳給了火箭之父，然後馮．布朗和科羅廖夫承續下來，他們憑藉自己的技術實力，完成了登月火箭。」

「真的好像病毒喔！病毒雖然不能自己移

動或呼吸，但是可以寄生在其他生物身上，自我複製之後，向其他地方擴散出去。想像力也是呢，傳染給各式各樣的人心，然後又增殖、傳播出去。不僅如此，甚至還利用了獨裁者、政治人物或戰爭，最後終於實現了那一切。」

「我想，被感染的人不只是馮．布朗或科羅廖夫喔。透過科幻小說或電視、電影的傳播，全世界的人一定早在不知不覺中，就感染到對太空的想像力了。」

「那當然啦！每個人都對太空感到興奮與心動呢。所以史普尼克1號才會那麼吸引全球的關注吧。所以世上開始認為，科技最先進的國家，不是做出核子導彈，也不是做出高級房車的國家，而是第一個成功發射人造衛星的國家呢。」

「而且，科羅廖夫的R－7或馮．布朗的紅石，最終都沒有被用在武器上喔。液體燃料火箭最適合上太空，但用在武器上就沒有那麼得心應手了。而現代的飛彈，大多數應用的是固體燃料火箭。」

「從懷抱太空夢的心而誕生的火箭，果然就是為了飛向太空呢！」

「你說得沒錯。當然，只存在一個人內心裡的想像力是脆弱的，容易輸給慾望、野心、憤怒或恐懼，但是這種負面的情緒，無法引起人與人之間的共鳴。德國人臣服於希特勒，只是因為被恐懼束縛住，並不是因為和希特勒的野心產生共鳴。所以希特勒一死，征服世界的夢想，也跟著一起消失在這個世界上了。」

「但是想像力是不一樣的吧！那種怦然心動的感覺，是會從一個人感染到另一個人的。就算膚色、住的地方、宗教信仰或說的語言並不一樣，但是仰望星空、對太空懷抱夢想的心，所有人類都能共鳴。所以，想像的力量就是這麼的強大！」

「對啊。」

「這就好像是《小黑魚》的故事耶。即使一個人的力量很小，但是當每個人都有同樣的想像時，就能成為改變歷史的巨大力量！」

「而且，想像力還可以超越時代。太空探索歷經了好長好長的一段時間，光是要到達在我們地球旁邊的月球，從儒勒．凡爾納的《從地球到月球》開始，就已經花了一百年的時間了。但想像力能夠跨越時代、代代傳承，只要人類想像力的火苗不熄滅，我想不論多遠的地方都能抵達的。」

「TRAPPIST-1也去得了？」

「當然！」

「但是不用花到一百年，因為這是我要去的嘛！」

「哈哈哈，你說得沒錯。」

「啊，爸爸，你不相信我吧？」

「相信啊。」

「真的？」

「真的啦。小美一定能實現夢想的。而且跟馮．布朗或科羅廖夫不一樣，你不用擔心戰爭或獨裁者，就能夠追求自己的夢想。只是如果小美去了，爸

爸會很寂寞呢。」

「說到這個，爸爸，我還有不懂的地方耶……」

「嗯？」

「說到底，馮・布朗是好人還是壞人啊？」

爸爸抬頭仰望天花板，陷入沉思。過了好一會兒，才轉向小美問道：

「小美你覺得呢？」

「不知道耶。V－2奪走那麼多人的生命，這絕對是沒辦法原諒的。但是如果沒有馮・布朗，人類可能還沒登上月球，所以他是個很偉大的人，這一點也不會改變吧……」

「這個嘛，我覺得沒有一個正確的答案。我想，我們沒有辦法像電影或電玩那樣，單純把人分成好人或壞人的。小美，你知道安妮・法蘭克嗎？」

「嗯，是寫《安妮日記》的人對吧。」

「對。當年這個少女因為是猶太人，所以被納粹追捕而送入集中營，十五歲就不幸死亡，而她的日記是這麼寫的：

『儘管發生了這麼多風風雨雨，但我還是相信人心是善良的』。」

「好堅強的人喔……」

「我覺得就像安妮說的，人心是善良的。」

「但如果是這樣的話，為什麼還會發生戰爭呢？」

爸爸又稍微思考了一會兒。

「或許是因為，人類的文明還不夠成熟吧。你看，小孩子會為了一點小事情吵架吧，像是拿了什麼、被搶了什麼之類的。但是，每個孩子的心靈，都是純潔美麗的。」

「換句話說，人類還像個小孩子一樣啊……」

「但是，爸爸的想法很樂觀喔，我覺得人類共同擁有的最強想像，就是對和平幸福世界的渴望。」

馮・布朗與農神5號火箭 ©NASA

「會實現嗎？」

「當然囉。人類連月球都有辦法上去了呢，雖然這個目標可能要很長一段時間才能實現就是了。但是，想像力可以跨越時代、代代傳承；當小美出發去TRAPPIST-1的時候，人類的文明已經更成熟了，地球上也不會再有戰爭或暴力了。」

小美的表情和眼神頓時亮了起來。爸爸看到小美的眼中閃爍著希望的光芒，感覺好像從中看到了人類的未來。

「爸爸雖然還是一樣長篇大論，但偶爾還是會說出好話嘛！」

「……」

這個時候，玄關那裡傳來鑰匙開門的喀恰喀恰聲。小美扔下原本在膝蓋上的紅色書本，站了起來。

「是媽媽！我也要讓媽媽看一下我的樂高傑作！爸爸，幫我！把V-2隨意的放在餐桌上就好！什麼都別對媽媽說喔！」

「不要拐彎抹角啦，直接拿給她看不就好了……」

「媽媽，你回來啦！你先不要進客廳喔！不，沒什麼事啦。欸，爸爸，好了嗎？」

「好了喔～」

爸爸按照吩咐，把V-2放到餐桌上，然後撿起小美扔下的那本紅色書本，在小美與媽媽聊個沒完的時候，用原子筆在封面的內側寫了這麼一句話：

「凡是人類能想像到的事物，必定有人能將它實現。

儒勒·凡爾納」

COLLECTION HETZEL
DE LA TERRE A LA LUNE
凡是人類能
想像到的事物，
必定有人能將它實現。

來自爸爸的提問

馮・布朗是個「好人」嗎？還是個「壞人」呢？是內心善良卻被迫做出惡行嗎？又或者根本無法區分成所謂的「好人」或「壞人」？你覺得呢？

如果你是馮・布朗，你會怎麼做呢？你是一位懷抱太空夢想也有才華的工程師，惡魔來到你面前，說會幫你實現夢想，但相對的你得幫助它打仗，做為代價。如果說，這是實現夢想的唯一方法，你會怎麼做呢？

「利用」戰爭的情況，不僅限於火箭科技。飛機、電腦、雷達還有核能，都在戰爭期間獲得飛躍的進展。網路或GPS，也是美軍研發出來的東西。即使到了今天，軍事與科技仍有著相互依存的關係。大家的日常生活，其實大大受惠於軍事技術。你會怎麼看待這件事呢？

自二十世紀以來，科技是人類飛躍進步的原動力。人們的生活不僅變得更豐裕，因疾病、戰亂或暴力而喪命的比例也大幅減少。但是在這個小小的行星上，還是有很多生活在痛苦與悲傷中的孩子。要怎麼做，才能幫助所有的孩子免於飢餓、窮困與恐懼，為他們創造一個能自由作夢、自由談論夢想、自由追夢的未來呢？

請發揮你的想像力，描繪出自己的想法。當你長大成人時，會希望世界變成什麼樣子呢？為了實現那樣的世界，現在的大人又該做些什麼呢？等你長大成人後，必須做些什麼？現在，大家能做的又是什麼呢？

為想要閱讀更多與太空相關書籍的讀者，推薦以下書籍。

《勇闖宇宙首部曲：卡斯摩的祕密》露西・霍金、史蒂芬・霍金 著／時報出版

《宇宙中有生命嗎？》（宇宙に命はあるのか）小野雅裕 著／SB Creative

作者註：「凡是人類能想像到的事物，必定有人能將它實現。」（Tout ce qu'un homme est capable d'imaginer, un autre est capable de le réaliser）這句話，實際上並非出自儒勒・凡爾納本人，聽說是由後世的傳記作家所創作出來的。但是考量到這句話體現了儒勒・凡爾納作品所蘊含的世界觀，還有他的眾多想像都在後世實現，所以本書行文中將這句話做為出自於他的話語。

重要事件年表

西元年	事件	頁數
1828	儒勒・凡爾納出生	31
1857	俄羅斯的「火箭之父」齊奧爾科夫斯基出生	46
1865	**儒勒・凡爾納的科幻小說《從地球到月球》出版**	39
1882	美國的「火箭之父」羅伯特・戈達德出生	54
1894	德國的「火箭之父」赫爾曼・奧伯特出生	72
1903	**齊奧爾科夫斯基發表火箭方程**	45
1907	謝爾蓋・科羅廖夫出生	160
1912	華納・馮・布朗出生	115
1914	第一次世界大戰（～1918）	122
1923	**奧伯特的《飛往星際空間的火箭》出版**	74
1926	**戈達德進行全球首次液體燃料火箭實驗，飛行距離五十六公尺**	63
1932	馮・布朗受雇於德國陸軍，開始研發火箭（飛彈）	126
1933	希特勒就任德國總理	135
1939	第二次世界大戰爆發	122

1944	**馮・布朗研發的德國V-2火箭（飛彈）進行高度一七六公里的次軌道飛行，是史上首度抵達外太空的人造物體**	136
	V-2火箭（飛彈）首度實戰運用，導致三位平民犧牲	138
1945	第二次世界大戰結束。馮・布朗投奔美國	174
1953	美國第一枚短程彈道飛彈「紅石」成功發射，是由馮・布朗以V-2為基礎所研發製成	176
1957	蘇聯成功發射全球第一枚洲際彈道飛彈，是由科羅廖夫所研發的R-7火箭（飛彈）	166
	蘇聯運用R-7，成功發射全球第一顆人造衛星史普尼克1號	191
1958	**美國利用第一節使用紅石的朱諾1號火箭，成功發射美國第一顆人造衛星探險者1號**	202
1961	**蘇聯以R-7為基礎所研發製成的東方號火箭，成功完成全球首度載人太空飛行（一〇八分鐘的環繞地球軌道飛行）**	216
	美國運用紅石火箭成功完成美國首度載人太空飛行（水星計畫・自由7號進行十五分鐘的次軌道飛行）	
1963	**蘇聯完成全球首度女性太空人飛行（東方6號任務）**	217
1968	**美國運用馮・布朗研發的農神5號火箭，成功完成全球首度繞月飛行（阿波羅8號任務）**	218
1969	**美國完成全球首度的月球登陸（阿波羅11號任務）**	209
1970	**日本運用拉姆達-4S運載火箭發射日本第一顆人造衛星大隅號**	215

＊紅色粗體字是與太空有關的事件

後記與謝詞

大約兩年前，我在東京三鷹市一所名為「探究學舍」的補習班對小學生演講時，內心浮現出寫這本書的念頭。當時有個小學二年級的女生，把我的前一部作品，以成年人為對象所寫的《宇宙中有生命嗎？》，請媽媽全都標上假名（註：類似注音符號，讓小朋友知道讀音），很努力的閱讀了起來。我深刻感受到這方面的內容，並沒有傳達給最應該傳達到的年齡層的讀者，於是向出版社提出《宇宙中有生命嗎？兒童版》的企畫。話雖如此，但卻因本業繁忙，沒有太多時間，所以一開始只打算執行簡單的企畫，將前部作品標上假名、並搭配彩色圖像出版。多虧編輯坂口惣一先生從背後推了一把，認為「既然要出版，就不要只是改編，再為孩子重新寫過如何呢？」所以才會耗時兩年，完成本書現在所呈現的樣子。

書中十二歲的小美這個角色，是以前的自己，與現實生活中我的四歲女兒小美，還有從幾個十二歲左右的孩子們獲得靈感，融合塑造而成的。山下結衣、梅﨑瑛流、下川夕馨與陽名歌、外川實柊、石田真奈與未來，小美就像是你們的分身。

原稿成形後，我請許多像小美一樣的宇宙之子閱讀書稿，並收到了許多回饋。石田優真、伊藤絢翔、伊藤颯真、打海聰志、江頭嵩、大越智悠、大門瑛、大門樹、木村凧希、小林琢磨、齋藤優宇、齊藤直哉、坂下悠真、佐藤風和、佐藤珠響、鈴木翔哉、涼心、曾我將士、曾我怜愛、高木蒼空、高木隆廣、高木菜菜子、竹本創太、田代小晴、中村魁良、福留真步、藤崎怜奈、增田結櫻、三村旬、宮腰真緒、小六、安福亮，真的很謝謝大家。另外我也從石田惠、伊藤真之、伊藤真由美、伊藤和之、打海晴巳、梅﨑薰、江頭春可、大越美由紀、大門英明、木村千江子、小林有加、齋藤直美、坂下礼子、佐藤直晃、下川真乃香、舍川俊平、鈴木信哉、鈴木千惠、曾我優子、高木麻美、高木康廣、竹本桂、中村智榮子、福留留理子、藤崎久美子、增田郁理、三村智子、宮腰喜久子、宮脇僚、小六的爸爸、山下郁美等各位家長中，獲得非常實用的回饋。

深深感謝「探究學舍」的瀧田佳子以及廣島「兒童太空學院」的伊藤智子促成，讓我有機會與朝氣蓬勃的宇宙之子交流。我也從本身的讀者社群「太空船PEQUOD」中的船員們，獲得各方面的協助。伊藤智子、梅﨑薰、奧野文司郎、高木康廣、外川和子、林千惠子、宮本敦史，多虧大家欣然答應書稿的假名標註作業，我才能從孩子那裡獲得閱讀回饋。

在製作的尾聲，有大約一百位宇宙之子還有成年人，成為了「共同製作者」，向我們提供使內容更加完善的意見，還從讀者的角度，提供關於設計、排版或標題等寶貴的意見。秋谷環太、淺野光太郎、阿部晄子、安部紘史、石水晴樹、大內一輝、大田以及拓人、大畑相馬、大町咲和、大町悠高、小口優芽、卡司提亞・壽里亞、香月誠實、木村日向子以及美咲子、佐佐木真理子、佐佐木優衣、佐野日向子、館野志壽子、谷海珈、Natsuyo、仲野聰真、西之花駿太、野崎心咲以及紗那、野田俐璃、廣瀨遼、益戶壯空、松嶋楓、宮本來瞳、村田佳穗以及賢祐、山田華鈴、山本航世、吉原澄玲以及凜太郎、拉迪諾亞朱立安・雅博、安宅直子、新井美希、安藤啟司、大城陽子、大野真一朗、岡田修平、小野孝央、河村浩司、君羅好史、木村知美、桐志織、倉員豪、榑松憲、五味颯雅、齋藤悅子、佐久間昭彥、佐佐木貴廣、下村香理、田中由紀子、辻內舞良、常本剛志、鶴田香、出口隼詩、外川楓、中夷黎、永田晃大、中村幹廣、南原成勳、西尾昭宏、根本雅人、漢弗萊・廣惠、古山現、穗積佑亮、松岡亮、松本基希、宮城香織、宮田悠花、宮本敦史、向井田奈、Y.Mukumoto、守田燦、森本道子、山田知一、吉田高、若林香，真心感謝各位。各位幫忙指出的數百個修正，點滴累積成巨大的力量，讓這部作品提升到一個全新的高度。本書的字字句句，都蘊含著各位的真心。

欣然答應「演出」本書專欄的太空人——山崎直子女士、對專業性內容提供建議的東京工業大學老師——平野照幸先生、名古屋大學高等研究院老師——宮武廣直先生、名古屋大學KMI的南崎梓女士，在此對各位由衷致上謝意。

此外，再幸運不過的，就是能與優秀的製作團隊合作。插畫家——利根川初美是最棒的夥伴，她不僅繪製了許多可愛又兼具藝術性的插圖，對於內容或角色也提供了許多很有創意的點子。在我寫作陷入瓶頸時，「Cork」的仲山優姬女士都會提供我精準的提示，數度幫助我突破難關。這段時間，承蒙「Cork」——佐渡島庸平代表以及諸位多方的關照。「SB Creative」的編輯坂口先生理解本書的宏大願景，為了達成我的講究與堅持而四處奔走。「System Tank」的白石知美、「文庫社」的弓手綾子，在距離出版剩不到一個月的緊要關頭時，迅速應對了我提出的數百項修正。此外，「tobufune」的小口翔平與奈良岡菜摘協助將本書的世界觀轉化為精美的設計與裝訂。太空電子雜誌《THE VOYAGE》的總編——梅崎薰，有時身為公關，幫忙宣傳作品，有時則以宇宙之子家長的身分，針對作品提供意見，在各方面提供許多協助。大阪谷町的書店「隆祥館」老闆——二村知子長期支持我的作品，對本書的銷售同樣鼎力相助。

然後是小美。為了寫作這本書，連週末我都時常埋頭工作，害小美經常哭著對我說很想多跟爸爸玩，真是對不起，等工作結束後再一起盡情的玩，一起去旅行吧。在我忙碌的時候，妻子一手包辦陪伴小美和處理家務事，真的非常感謝她。

這本書也要獻給小美。衷心祈願，這個世界能成為一個不論是我的小美，或是全世界的小美，都能毫無畏懼的，自由作夢、自由談論夢想、自由追夢的世界。

寫於日文版出版前　小野雅裕

參考文獻

本書參考以下書籍、論文與資料編寫而成。

- Allday, Jonathan. 1999. *Apollo in Perspective: Spaceflight Then and Now.* CRC Press.
- Brzezinski, Matthew. 2007. *Red Moon Rising: Sputnik and the Hidden Rivals That Ignited the Space Age*. Times Books.
- Clary, David A. 2003. *Rocket Man: Robert H. Goddard and the Birth of the Space Age*. Hachette Books.
- Fulton, B. J., et al. 2017. "The California-Kepler Survey III. A Gap in the Radius Distributions of Small Planets." *The Astronomical Journal* 154, no. 3.
- Harford, James. 1999. *Korolev: How One Man Masterminded the Soviet Drive to Beat America to the Moon*. New York: Wiley.
- Lottman, Herbert R. 1997. *Jules Verne: An Exploratory Biography*. St. Martin's Press.
- Michael Neufeld. 2008. *Von Braun: Dreamer of Space, Engineer of War*. Vintage.
- 平野照幸，2017，系外行星探查：揭示的多樣性與其起源，日本物理學會誌，72卷，2號
- 的川泰宣，2008，日本的太空發展歷史～宇宙研物語 http://www.isas.jaxa.jp/j/japan_s_history

特別演出：太空人山崎直子（專欄9）

※本書是依據《宇宙中有生命嗎～人類探索的一千億分之八》（小野雅裕 著，2018年，SB Creative）第一章的內容，以青少年們容易閱讀的語句，補充相關資料重新編製而成。

快樂文化 BOOK REPUBLIC 科學圖書館 013

聊聊宇宙以及夢想希望 NASA研究員爸爸與怪咖女兒的對話

作　　者　小野雅裕
繪　　者　利根川初美

譯　　者　鄭曉蘭
責任編輯　姚懿芯、許雅筑
美術設計　丸同連合
內文排版　喬拉拉

國家圖書館出版品預行編目(CIP)資料

聊聊宇宙以及夢想希望：NASA研究員爸爸與怪咖女兒的對話/小野雅裕作；利根川初美繪. -- 初版. -- 新北市：快樂文化出版：遠足文化事業股份有限公司發行,2024.07
面；　公分
ISBN 978-626-97198-5-3(平裝)
1.CST: 太空科學 2.CST: 宇宙 3.CST: 通俗作品
326　　112012122

快樂文化
總 編 輯　馮季眉　•主編　許雅筑
FB粉絲團　https://www.facebook.com/Happyhappybooks/

出　　版　快樂文化／遠足文化事業股份有限公司
發　　行　遠足文化事業股份有限公司（讀書共和國出版集團）
地　　址　231新北市新店區民權路108-2號9樓
電　　話　(02) 2218-1417　•傳真　(02) 8667-1065
網　　址　www.bookrep.com.tw　•信箱　service@bookrep.com.tw
法律顧問　華洋法律事務所蘇文生律師
團體訂購請洽業務部(02) 2218-1417 #1124

印　　刷　中原造像股份有限公司
初版一刷　2024年7月
定　　價　460元　•書號　1RDC0013　•ISBN　978-626-97198-5-3

阿波羅 11 號太空艙

— 沿紫紅色實線剪下紙型

-- 沿虛線做摺痕

按照 1~5 的順序，將正反面相同數字處互相黏合組裝（用雙面膠等）。

最後一步驟請見背面。

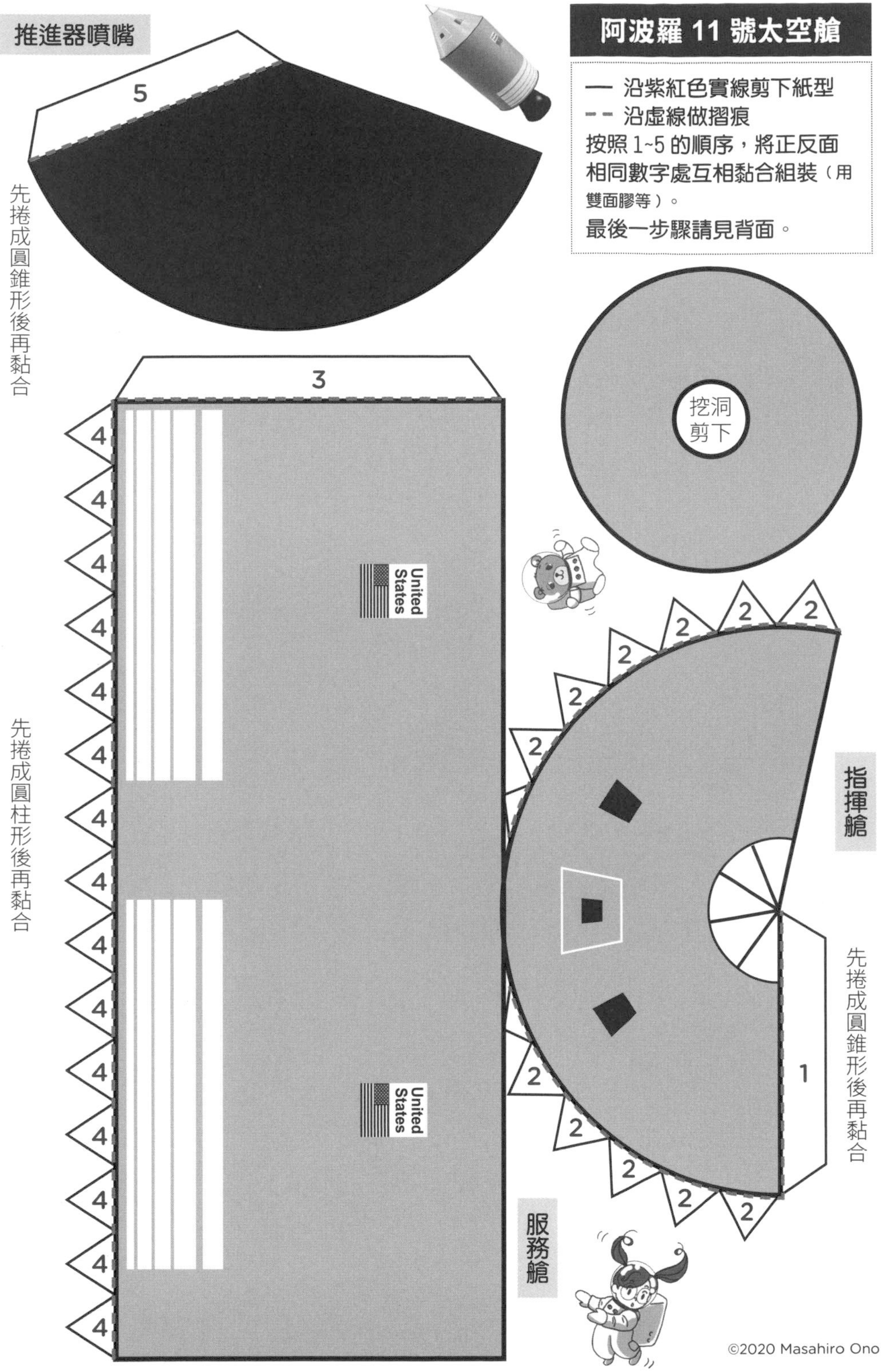

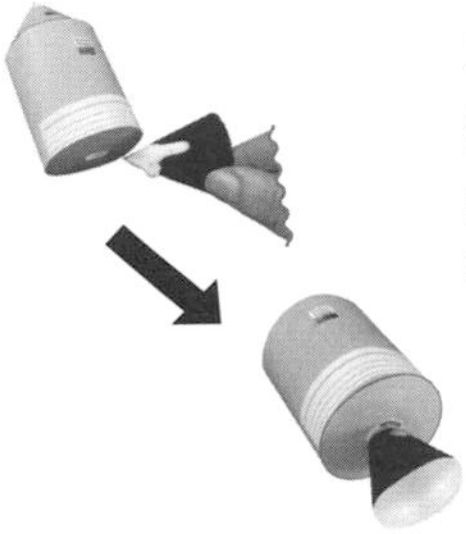

最後一步！

將推進器噴嘴頂端塗上濕潤白膠，
擠入服務艙底部的洞口，
黏住後如左圖。

5

4

1

2

3

■ 色塊處為黏貼位置
按照 1~5 的順序，將正反面
相同數字處互相黏合組裝。

《聊聊宇宙以及夢想希望──NASA研究員爸爸與怪咖女兒的對話》小野雅裕 作．利根川初美 繪／快樂文化出版